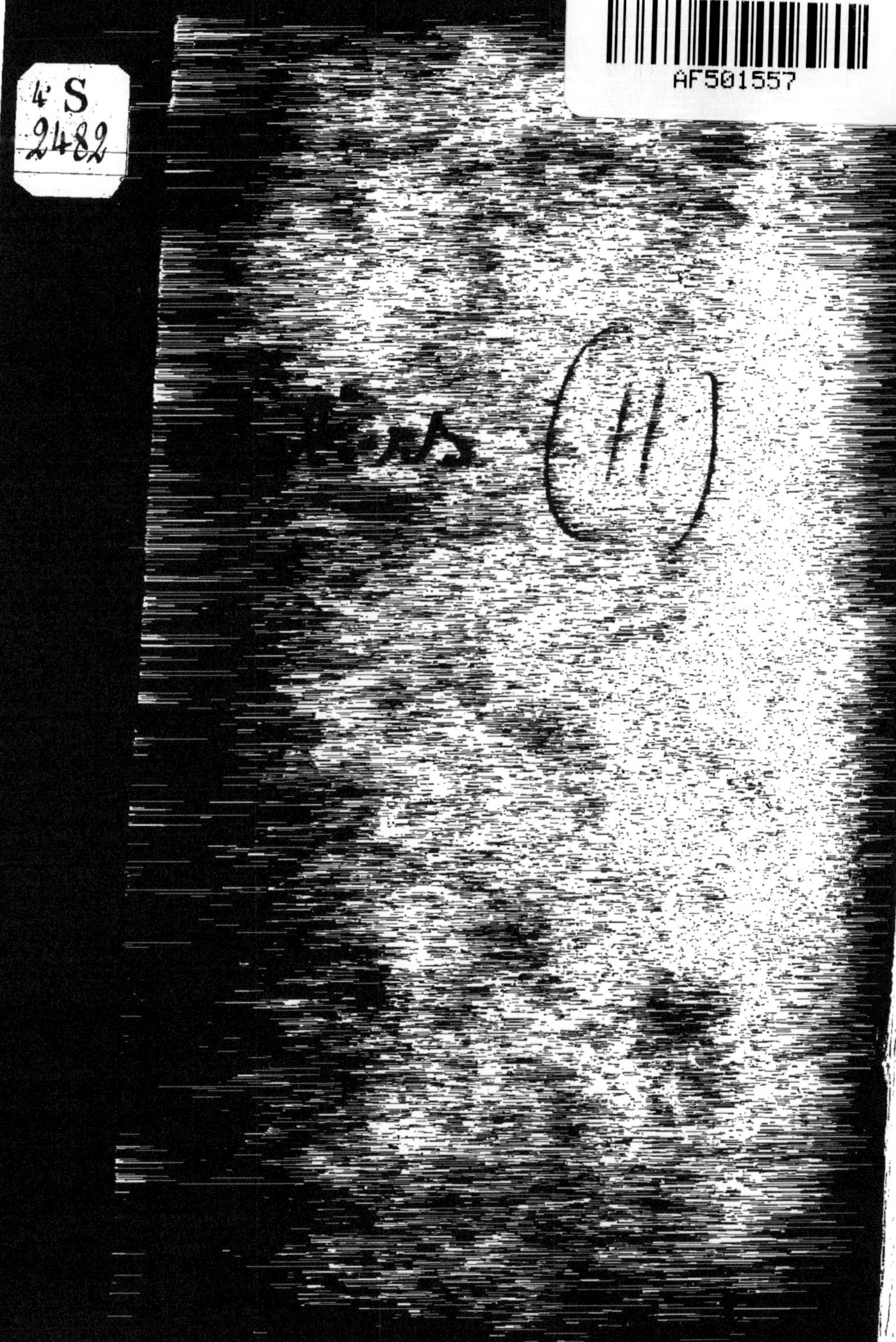

Contributions Diverses

à

L'HYDROGENÈSE

Première Partie

PRODUCTION DES SOURCES — TRANSFORMATION DES OUEDS,
ACCROISSEMENT DES RÉCOLTES :
PAR SURALIMENTATION DES TERRAINS AQUIFÈRES,
A L'AIDE DES RUISSELLEMENTS D'HIVER,
(MÉTHODE ROMAINE)
PAR DIMINUTION DE L'ÉVAPORATION DES TERRES, ETC.

Le terroir de la Sicile étant descheu par trop curieux espierrement, fut restauré quand par décret public y furent remises menues pierres. (OLIVIER DE SERRES).

Seconde Partie

PRODUCTION DES PLUIES A L'AIDE DE REVÊTEMENTS
FORMANT AIRE DE SURCHAUFFE SOLAIRE A LA SURFACE DES EAUX,
PRAIRIES LACUSTRES ET MARINES,
MER ROUDAIRE,
GAZONNEMENT DES LITTORAUX EN ALGUES GÉANTES (*MACROCYSTIS*)
EXTENSION DES MERS DE SARGASSES,
LEUR INFLUENCE SUR LA PLUVIOSITÉ DU GLOBE TERRESTRE.

PAR

Hippolyte Dessoliers

Ingénieur des Arts et Manufactures. Viticulteur à Ténès (Algérie)

PARIS
LIBRAIRIE POLYTECHNIQUE CH. BÉRANGER, ÉDITEUR
RUE DES SAINTS-PÈRES, 15
1908

Contributions Diverses

A

L'HYDROGENÈSE

PREMIÈRE PARTIE

DU MÊME AUTEUR

De l'Habitation dans les pays chauds. — Baudry, éditeur, Paris.

Note sur le dévasement et l'agrandissement des barrages réservoirs. — Chez l'auteur, à Ténès.

Nouveau moyen de destruction des acridiens. — *Haltes à sauterelles.* — *Barrages filets.* — Chez l'auteur, à Ténès

Notes sur l'aménagement des eaux. — Chez l'auteur, à Ténès.

Eau et Boisement. — Ruff, éditeur, à Alger.

Vinification en pays chauds (Diplôme d'honneur de la Société des Agriculteurs de France. Médaille d'or de la Société d'Agriculture d'Alger, Médaille d'or à l'Exposition universelle de Paris, 1900). — En réimpression.

Contributions Diverses

à

L'HYDROGENÈSE

Première Partie

PRODUCTION DES SOURCES — TRANSFORMATION DES OUEDS,
ACCROISSEMENT DES RÉCOLTES :
PAR SURALIMENTATION DES TERRAINS AQUIFÈRES,
A L'AIDE DES RUISSELLEMENTS D'HIVER,
(MÉTHODE ROMAINE)
PAR DIMINUTION DE L'ÉVAPORATION DES TERRES, ETC.

Le terroir de la Sicile étant descheu par trop curieux espierrement, fut restauré quand par décret public y furent remises menues pierres. (OLIVIER DE SERRES).

Seconde Partie

PRODUCTION DES PLUIES A L'AIDE DE REVÊTEMENTS
FORMANT AIRE DE SURCHAUFFE SOLAIRE A LA SURFACE DES EAUX,
PRAIRIES LACUSTRES ET MARINES,
MER ROUDAIRE,
GAZONNEMENT DES LITTORAUX EN ALGUES GÉANTES (*MACROCYSTIS*)
EXTENSION DES MERS DE SARGASSES,
LEUR INFLUENCE SUR LA PLUVIOSITÉ DU GLOBE TERRESTRE.

PAR

Hippolyte Dessoliers

Ingénieur des Arts et Manufactures
Viticulteur à Ténès (Algérie)

Alger
Imprimerie Algérienne
1908

L'HYDROGENÈSE

PREMIÈRE PARTIE

PRODUCTION DES SOURCES

Considérations générales

Sur tous les points du globe l'homme civilisé s'astreint, pour obtenir d'abondantes récoltes, à choisir de bonnes terres, à les labourer, les scarifier, les fumer, puis il les ensemence de bons grains.

Suivant climat, il adopte telle ou telle culture ; suivant nature du sol et du produit à obtenir, il recourt à tels ou tels engrais, et il n'est point surpris si, par suite de négligence dans le labour, de choix défectueux d'une semence *non adequate* au climat, de défauts quelconques dans les soins culturaux, il n'obtient point une bonne récolte.

Finalement, grâce à une étude minutieuse, incessamment poursuivie sur tous les points du globe, de tous les éléments qui influent sur la production du sol, grâce à un outillage chaque jour plus parfait, à une technique de plus en plus savante, à un labeur incessant, l'homme obtient d'une surface de terrain donnée une masse de produits alimentaires assimilables par son organisme, cent fois, mille fois supérieure, en quantité et qualité, à celle que la végétation spontanée lui eût donnée.

Tous autres ont été jusqu'ici ses errements en ce qui concerne la production de l'eau, l'accroissement des sources. L'homme moderne a tendance à croire, sans trop y avoir réfléchi, que la nature a disposé toutes choses, en vue du meilleur aménagement, dans l'écorce terrestre, des précipitations pluvieuses ; en vue d'une abondante production de sources.

C'est dans les massifs forestiers qu'en toutes les contrées quelles que soient leur latitude, leur climatologie, il incarne ce pouvoir d'aménagement, et il croit avoir épuisé sa tâche et fait tout le nécessaire, en protégeant la forêt, les broussailles, les landes, contre la destruction. Il ne s'inquiète ni du rapport qui existe entre l'évaporation, et la pluie suivant latitude et distance aux mers, ni de la puissance évaporatoire de la végétation forestière qui domine dans la région, ni de la perméabilité ou de l'imperméabilité du sol ; ni de savoir, si le manque d'arbres dans une région n'est pas précisément dû à l'insuffisance des pluies, par rapport à l'avidité de l'atmosphère. Il conclut tout bonnement, sans admettre aucune exception, à la nécessité de l'extension des boisements. Il n'a cure de constater que l'on rencontre, en tous lieux, de vastes surfaces boisées, d'où n'émerge aucune source, et d'autre part que de puissantes sources jaillissent dans des régions dépourvues de toute végétation forestière ; il néglige ces faits et persiste à croire que la forêt est la fée universelle qui doit faire sourdre l'eau en tous lieux. Cette charmeresse la ensorcelé à tel point, par sa beauté, sa fraîcheur, ses ombrages, ses mille et une utilités et agréments, qu'il se refuse à voir, malgré que la chose soit d'une évidence manifeste, notamment dans les régions chaudes et peu pluvieuses, qu'elle consomme, à son profit personnel, presque toute l'eau qu'elle reçoit, et que le plus souvent elle tarit les sources au lieu de contribuer à leur alimentation. Cette conviction erronée de l'efficacité des boisements en tous lieux, sous toutes les latitudes quelle que soit la climatologie de la localité, produit de funestes conséquences. Il serait aisé d'en donner de multiples preuves même en se limitant à notre empire nord-africain. En voici quelques-unes.

Après 75 ans d'occupation, l'Algérie est aussi dépourvue de sources qu'au jour de la conquête. La pénurie d'eau d'alimentation est telle, qu'en chaque année de sécheresse relative, l'on voit disparaître les accroissements de cheptel laborieusement gagnés dans la période pluvieuse antérieure.

Des millions d'hectares de pâturage restent inutilisés dans les Hauts-Plateaux du Sud-Algérien, par suite de la rareté des points d'eau, de leurs trop grands éloignements respectifs. D'autre part dans les régions qui avoisinent les points d'eau ou rhdirs, les troupeaux sont fréquemment frappés de mortalité effroyable, ces rhdirs n'étant le plus souvent que de grandes mares d'eau croupissante, dans lesquelles les troupeaux accumulent les germes de la bronchite vermineuse, de la cachexie aqueuse et autres maladies contagieuses.

On ne saurait douter que la multiplication des sources sur les Hauts-Plateaux du Sud leur substitution aux rhdirs, permettrait de doubler, de tripler le cheptel ; de porter de huit millions à vingt-quatre millions le nombre de moutons, et de rendre l'élevage beaucoup moins aléatoire, beaucoup plus fructueux.

On ne peut évidemment penser à créer artificiellement des sources, tant que l'on croira que le boisement est un moyen très efficace, que seul il produit des effets certains, par ce fait même qu'il y a impossibilité à boiser ces régions ou, sauf en quelques points privilégiés, l'arbre ne peut vivre par suite de la pénurie des pluies et de la sécheresse de l'air. On s'est bénévolement enserré dans un dilemme stérilisant et sans issue.

De très vastes régions couvertes d'une misérable broussaille sans valeur, fatalement destinée à l'incendie périodique, non susceptible de se transformer en forêts, sont jalousement protégées par les lois draconiennes, en vue de la production des sources.

L'administration s'oppose en fait, grâce à l'obligation d'une demande préalable d'autorisation, d'une obtention difficile pour les indigènes, à ce que les propriétaires des sols broussailleux inclinés les expurgent d'une végétation inutile pour y substituer le blé, autrement dit le pain, l'herbe autrement dit la viande, enfin l'arbre producteur de fruits.

Elle les contraint ainsi à vivre dans la misère, les empêche de se moraliser par le travail, de coopérer aux progrès de la colonisation et ce, bien que des milliers et des milliers d'hectares de broussailles n'engendrent pas le moindre suintement. Et cependant, et c'est là un élément de notre étude, sur lequel nous appelons très vivement l'attention du lecteur, même dans les régions réputées par leur extrême aridité, à pluies infimes à évaporation énorme, en plein Sahara à des 300 kilomètres de toute forêt, jaillissent spontanément de puissantes sources ; tel est le cas, notamment dans l'oasis de Ouargla, pour en citer un exemple. Malgré que les pluies n'y atteignent en moyenne 0 m. 12, que l'évaporation y soit supérieure à 4 mètres, que les massifs boisés, les plus voisins Aurès, djebel ben Khaït, djebel Amour, soient à plus de 300 kilomètres, 600 puits jaillissants, ou à bascule, irriguent là 400,000 palmiers et 100,000 arbres fruitiers ; et ce serait folie de prétendre que ces eaux abondantes proviennent des infiltrations de l'Aurès, du djebel ben Khaït ou du djebel Amour.

Tout au contraire, nous établirons que c'est précisément grâce à l'absence de toute végétation forestière ou broussailleuse, sur les flancs et les sommets des massifs rocheux voisins, à l'absence de terre végétale, à la nudité de la roche qu'est due la richesse aquifère de cette oasis. Mais il nous faut pour le moment continuer à énumérer quelques-uns des graves inconvénients qui résultent pour l'homme de cette conception erronée : de l'heureuse influence des forêts sur les sources en tout lieu.

En Algérie, au lieu de s'ingénier à faciliter l'infiltration en profondeur des ruissellements de la saison pluvieuse, pour accroître les débits d'étiage de nos oueds, l'on s'est borné jusqu'ici à dériver vers les centres de colonisation les sources du voisinage, c'est-à-dire le plus souvent à enlever l'eau aux douars, aux tribus, pour la dériver sur les villages.

L'on a bien tiré ainsi des eaux une meilleure utilisation, mais la masse d'eau d'alimentation disponible s'est peu accrue. Or, l'accroissement eût dû être l'objectif principal et nous verrons qu'il peut être énorme.

En Tunisie, cette même idée préconçue et universelle de l'influence décisive des massifs forestiers n'a point permis à tous les distingués collaborateurs de l'*Enquête sur les installations hydrauliques romaines*, ouverte en 1896 par ordre de M. René Millet, résident général, sous la direction de M. Paul Gauckler de comprendre la destination des barrages et bassins d'absorption construits en vue, soit de la création des sources, soit de l'alimentation des puits et galeries de drainage.

Ces enquêteurs ont constaté la disparition de nombreuses sources, la stérilité de nombreux puits, sans penser que ces sources et ces eaux de puits étaient précisément dues aux barrages, aux étangs, aux bassins d'infiltration créés pendant l'occupation romaine.

La Tunisie est fort loin à cette heure de disposer d'une masse d'eau comparable à celle que nos prédécesseurs avaient su créer ; il lui serait impossible en l'état actuel des choses, quoique le régime des pluies n'ait point changé, d'avoir une population aussi dense que pendant la période romaine ; mais l'on ne saurait douter qu'encouragée par les merveilleux résultats que les Romains avaient obtenus, guidée par les multiples vestiges de leurs très simples et ingénieuses combinaisons hydrauliques, elle ne transforme en un bref délai son hydrologie défectueuse, et ce au grand profit de ses récoltes.

A cette conception *a priori* et sans base du meilleur aménagement spontané des eaux de pluie par la nature, par la forêt, succède un sentiment de stupéfaction profonde, lorsque l'on fait l'analyse des forces en jeu, et que l'on voit que toutes, ou peu s'en faut, tendent incessamment, dans les régions peu pluvieuses et chaudes, à la diminution progressive des infiltrations en profondeur, et par suite à la réduction des sources et cours d'eau pérennes, et que, d'autre part, l'on constate que tous les efforts de l'homme civilisé ont inconsciemment tendu au même effet.

Toutes les forces de la nature tendent à accroître l'aridité des régions peu pluvieuses et chaudes.

Multiplication et approfondissement des ravins.

Le régime torrentiel des eaux s'aggrave de siècle en siècle dans toutes les régions à pluies espacées, à saisons sèches prolongées, à ciel très lumineux, à soleil ardent, tel est le cas, notamment dans l'Afrique du Nord. Sauf en hiver, dès que le soleil de midi est assez haut sur l'horizon, les pluies ne peuvent être que des pluies d'orages à débit horaire considérable et c'est une grave erreur de croire que le boisement peut modifier cet état de choses.

Dans les régions tropicales, les pluies tombent toujours par courtes averses de peu de durée, se reproduisant chaque jour pendant la saison pluvieuse et ce même au milieu des plus vastes étendues de forêts, que ce soit au Soudan, au Congo, au Brésil ou aux Indes, en Afrique, en Amérique, en Asie ou en Insulinde.

Notons d'ailleurs que, même dans les pays tempérés les plus boisés, les pluies d'été sont de courtes durées et copieuses, autrement dit des pluies d'orage.

Le débit horaire des nuages dépend, en effet, non de la nature de la végétation que porte le sol, mais bien de la température des masses d'air humides en mouvement.

Un mètre cube d'air saturé à 25° laissera précipiter 9 gr. 22 de pluie si sa température s'abaisse à 15°, tandis que, un mètre cube d'air saturé à 10° peut tout au plus donner 4 gr. 3 de pluie, en se refroidissant à 0°. A une même chute de température correspond une quantité de pluie plus que double en saison chaude.

Ces masses d'eau déversées subitement sur des terres asséchées, crevassées (tel est le cas dans les régions à pluies espacées, Algérie, Tunisie, etc.), transforment peu à peu les moindres rides du sol, en ravines, puis en ravins et ceux-ci s'approfondissent sans cesse d'année en année. Le nombre des ravins s'accroît, en même temps que leur thalweg se creuse. Les eaux ruissellent sur des pentes plus abruptes, les quantités qui s'infiltrent vont sans cesse en diminuant. La végétation forestière atténue, il est vrai, la puissance d'érosion des eaux sauvages et elle rend de ce chef un important service à l'homme, aussi faut-il soigneusement se garder de défricher en plein, les versants trop inclinés, mais dans les pays arides à pluies espacées, la protection du massif forestier retarde bien quelque peu mais n'empêche point finalement l'approfondissement des lignes de thalweg.

Abaissement des seuils, diminution des lacs, assèchement des étangs et des marais.

En même temps que les ravins s'approfondissent dans les régions montagneuses, les émissaires des lacs se creusent, les seuils corrodés par le roulement des blocs, des graviers, le frottement des sables, s'abaissent, les hauteurs de retenue diminuent, les surfaces submergées se restreignent et sous l'apport incessant d'eaux troubles, les fonds des lacs se colmatent, deviennent imperméables et s'exhaussent. Par suite les infiltrations souterraines diminuent.

L'homme de son côté pour assainir le sol pour conquérir de nouvelles terres, assèche les étangs, les marais. Pour diminuer les inondations il endigue les fleuves, les rivières. Par toutes ces causes, l'étendue des champs d'infiltration, propres à alimenter les nappes d'eaux souterraines, va sans cesse en s'amoindrissant.

Sédimentation éolienne

Pendant que les lignes de thalweg s'approfondissent, se multiplient, que les zones d'inondation, d'absorption diminuent, les sommets des montagnes voient en bien des lieux, décroître leur état de fissuration, lequel permettait à une partie des eaux pluviales de s'infiltrer rapidement à bonne profondeur et de se soustraire ainsi à l'évaporation.

Diverses actions interviennent pour coopérer à ce feutrage des plateaux et des croupes de montagne : le dépôt des poussières cosmiques, volcaniques, d'abrasion terrestre, enfin la végétation.

Depuis l'époque de Néron, le Puy-de-Dôme s'est recouvert d'une couche de poussière de huit mètres de haut. Il y a 75 ans environ, l'on ne se doutait pas de l'existence du temple de Minerve. Il fut, l'on n'en saurait douter, bâti par les Romains à ciel ouvert, au niveau du sol et non en souterrain ou en tranchée profonde ; sa structure le démontre péremptoirement.

C'est sur les circuits des vents qui ont parcouru les zones désertiques que la sédimentation éolienne est le plus active. L'opacité du siroco, du simoun, du khamsin, montre la puissance de transport de ces vents sahariens, l'importance des dunes de l'Erg, les dénudations des Hamadas en témoignent.

« Le Sahara est un centre de dispersion qui envoie ses poussières, non seulement sur l'Atlantique, mais sur l'Algérie, la Méditerranée, l'Espagne, la France, l'Angleterre, l'Allemagne, le Sud de la Suède, la Suisse et l'Italie[1] ».

1. *Océanographie statique*, par M. J. Thoulet, p. 161.

Sur toute l'étendue du globe, les sédiments coliens dénommés lœss, occupent de vastes territoires.

« Ce terrain couvre en Europe, la Belgique, le Nord de la France, jusqu'à la Loire, une portion de l'Allemagne, toute la région des Carpathes, la Hongrie, la Pologne, la Moravie et la Roumanie ; en Amérique, les Pampas de la Plata et le bassin du Mississipi.

« Le lœss de Chine s'étend sur une épaisseur de 450 à 600 mètres, sur tout le Nord de cette contrée[1].

Ces phénomènes de sédimentation se poursuivent de nos jours tout comme par le passé et peuvent exercer une influence décisive sur l'hydrologie d'un pays, utiles ou nuisibles, suivant sa climatologie, ainsi que nous le verrons.

Végétation.

Sur les sommets, notamment, la végétation accroît beaucoup la sédimentation aérienne. Le vent qui s'infiltre à travers les broussailles, les arbres, perd de sa vitesse et laisse précipiter les poussières qu'elle lui permettait d'entraîner. Les vapeurs d'eau exhalées par les arbres alourdissent d'ailleurs les poussières qui passent, diminuent leur flottaison, ainsi que l'a établi J.-B. Dumas[2].

Cet illustre savant plaça à l'aval d'une usine à feu, plusieurs feuilles de papier blanc. Sur l'une était posée une assiette renfermant de l'eau, les dépôts furent abondants sur cette feuille, les mouches de charbon s'y déposèrent en grand nombre, alors que les autres papiers ne présentèrent pas trace de dépôt.

La végétation des sommets a donc pour effet certain, d'accroître l'importance des sédimentations éoliennes, en même temps qu'au cours de ses siècles d'existence elle revêt le sol d'un tapis de branchages, de feuilles qui se transforment en humus, puis en tourbe ou en terreau.

La pluie cimente poussière et humus, le sol se recouvre peu à peu d'une couche de terre végétale ; de ce fait résulte un accroissement de la capacité d'absorption, une diminution des ruissellements, et l'on serait porté à croire, à première réflexion, qu'en tous lieux la production de ce recouvrement spongieux donnera naissance à un accroissement d'infiltration. Il en sera bien ainsi, dans les pays froids, aux hautes altitudes, sur les sommets neigeux ; mais l'effet inverse se produira en pays chauds, aux faibles altitudes, pour peu que l'atmosphère soit aride pendant plusieurs mois par an, or telle est la situation dans les régions auxquelles s'applique tout particulièrement la présente étude.

En tous lieux, il est vrai, les conditions culturales seront singulièrement améliorées par ces dépôts ; mais au point de vue spécial, production des sources, les difficultés de l'alimentation seront le plus souvent aggravées. La transpiration des végétaux, des sommets boisés, reprendra, en effet, au sous-sol, ainsi que nous le verrons, les eaux que la couche superficielle spongieuse avait absorbées. Mieux vaut, dans les régions très arides, que les sommets restent dénudés, fissurés, et

1. *Océanographie statique*, par M. J. Thoulet, p. 160.

2. *Commission supérieure pour l'examen de projet de mer intérieure*, Roudaire, p. 251.

que les eaux se soustraient immédiatement à la reprise par l'atmosphère en s'engouffrant rapidement dans le sol ; c'est d'ailleurs ce qui se produit spontanément dans les régions trop asséchées ; la nature y pourvoit d'elle-même ; mais il n'en est point ainsi dans les zones d'aridité moyenne.

Production par les forêts de couches imperméables. Alios, Horstein.

Les influences dues à la forêt sont fort nombreuses ; il y a lieu d'en pousser à fond l'examen. Par le fait seul que des bois recouvrent une montagne, il ne s'ensuit point forcément que le sous-sol devienne plus perméable ; l'effet contraire se produit assez fréquemment.

Ainsi qu'il résulte des études approfondies du docteur P. Muller *(Recherches sur les formes naturelles de l'humus)*, si l'humidité n'est point suffisante, ce n'est point toujours une couche de terreau perméable qui se forme sous les boisements, mais bien parfois une couche de tourbe imperméable. Les infiltrations au travers des débris végétaux donnent naissance à la formation d'une strate dénommée alios pour les pins des Landes Françaises, horstein sous les hêtres du Danemarck.

Le « lumbriscus terrestris » ou lombric, ainsi que l'illustre Darwin l'a établi, est l'agent principal de la formation du terreau. Par ses innombrables galeries, il permet aux radicelles de l'arbre de pénétrer dans le sous-sol ; par ses apports de terre du tréfonds à la surface, il mélange l'argile, la chaux à l'humus, en neutralise l'acidité et le transforme en terreau apte à une vigoureuse végétation. En ce cas, la forêt se perpétue, s'améliore, la couche fertile s'accroît incessamment.

Tout autre est la situation des boisements sous lesquels, soit par suite de l'insuffisance d'une humidité permanente, soit de la nature du sous-sol, le lumbriscus ne se multiplie point abondamment, peu à peu il disparait ; le lessivage par les pluies de la couche de débris de végétaux, donne de l'acide humique et, à la rencontre du sous-sol, il se forme des humates insolubles, un lit imperméable est créé.

Il en résulte que, même dans des régions froides et humides, comme le Danemark, le sous-sol est absolument aride sous la couche d'horstein, alors que l'humus superficiel est saturé d'eau et que celle-ci ruisssellc.

La forêt en ce cas se rabougrit peu à peu et se transforme en landes, autrement dit se couvre de broussailles sans valeur.

Ainsi même, dans le nord de l'Europe la végétation forestière n'améliore pas forcément les conditions naturelles d'alimentation des sources (tous phénomènes de transpiration physiologique mis à part) et ici encore une étude locale s'impose pour voir quels effets produira la forêt. On peut donc d'ores et déjà présumer qu'en région moyennement arides la sédimentation éolienne d'une part, la végétation d'autre part, doivent tendre fréquemment à diminuer l'alimentation des sources, mais c'est là une question que nous développerons après en avoir examiné tous les éléments.

Décalcification du sol.

Schlœsing a démontré que les argiles étaient formées de sable très fin, cimenté par de l'argile colloïdale, dont la proportion atteint 1,5 pour cent dans les argiles grasses et descend à 0,5 dans celles dites maigres.

Si l'on délaye dans de l'eau distillée une terre argileuse, le liquide reste trouble après dépôt des sables, l'argile colloïdale restant en suspension.

Si, dans ce liquide trouble on verse de l'eau chargée de bicarbonate de chaux ou d'un alcali, il se forme un précipite d'argile colloïdale agglomérée en grumeaux.

Les eaux de pluie, en raison de leur pureté même, diluent cette argile, au lieu de la coaguler, et grâce à leur extrême finesse ces particules dissociées colmatent les interstices du sable à travers lesquels l'eau eût pu filtrer, le terrain devient imperméable, l'eau ruisselle à sa surface et ne s'infiltre plus.

Rappelons en outre que l'eau chargée d'acide carbonique dû à la décomposition des matières végétales du sol ou emprunté à l'atmosphère transforme les carbonates en bi-carbonates. Il y a entraînement de la chaux, tant par ruissellement superficiel qu'en profondeur.

Une terre argilo-calcaire a donc tendance à s'appauvrir peu à peu en chaux ; dès lors les eaux de pluie qui s'infiltrent ne peuvent plus coaguler l'argile colloïdale. La terre s'effondre, se transforme en boue, l'eau ne passe plus au travers, finalement ces terrains deviennent de moins en moins perméables à mesure que les siècles s'écoulent.

Approfondissement des lits souterrains dans les terrains calcaires.

Aux phénomènes ci-dessus relatés : diminution, dans certains cas, de la perméabilité superficielle, accroissement de la capacité d'imbibition en d'autres, ce qui peut être un grave inconvénient dans les régions arides et chaudes, il convient de joindre l'influence suivante comme contribuant au même effet final quoique par des moyens très différents. Les eaux qui ont pénétré en profondeur dans les terrains calcaires fissurés dissolvent les lits sur lesquels elles coulent, les rives souterraines qui les bordent. De là, résulte un agrandissement. des capacités souterraines, favorable à l'accroissement des sources, si cette augmentation de capacité ne s'effectue pas dans un étage trop bas, par rapport au point d'émersion des eaux emmagasinées.

Si par contre l'érosion se poursuit à des profondeurs de plus en plus grandes, il se peut que les anciens griffons deviennent inefficaces, que les eaux aillent sourdre en d'autres lieux.

Influence des cultures.

Par le labour, il est vrai, l'homme accroît la perméabilité superficielle des champs, diminue dans de notables proportions les ruissellements et augmente les infiltrations. Mais les besoins physiologiques des végétaux qu'il cultive absorbent aisément, ce que l'évaporation ne reprend point, et dans tous les pays du globe nombreuses sont les années où les récoltes souffrent de sécheresse.

Ainsi qu'il a été établi par Marié-Davy et autres auteurs les cours d'eau et les sources tendent à diminuer et ce, même dans les pays du Nord, à cultures intensives recevant de nombreuses façons. Finalement de ces diverses considérations, résulte que les phénomènes naturels, de même que ceux dus à l'intervention de l'homme, ne tendent nullement à accroître les débits d'étiage de nos eaux courantes, mais bien au contraire à les réduire.

Disproportion énorme entre les pluies et le débit des sources notamment aux basses latitudes dans les régions peu pluvieuses.

Dans le bassin de la Seine, l'évaporation enlève les 2/3 de la pluie tombée. Au Mississipi, la reprise par l'atmosphère s'élève au 3/4.

Dans le Missouri, elle atteint 85 pour 100 et ce, malgré sa plus haute latitude, grâce à la pénurie des pluies.

Le Nil débite seulement 1/37 de la pluie qui tombe dans son bassin hydrographique : Soudan égyptien, Afrique centrale, etc.[1]

En Algérie, on a également fixé pour certains bassins, celui du Sig, entre autre, des chiffres se rapprochent fort de ce dernier.

1/37 de la pluie qui tombe cela indique que l'évaporation a absorbé 97 pour cent des eaux pluviales, et l'on comprend combien sont minimes les débits des rivières des régions peu pluvieuses non desservies par de vastes bassins.

Il convient de rappeler ici, les résultats des expériences d'Ebermayer[2] sur l'infiltration, elles portaient sur des cases maçonnées de 4 mètres de superficie aménagées en vue d'une rigoureuse mensuration des eaux de pluie et de drainage.

Année 1886 ; pluie totale, 957 millimètres.

	Quantité d'eau infiltrée ou mieux eau de drainage	
Sol couvert de mousse........................	7	pour 100
Sol nu, dépouillé de mousse..................	5.1	—
Terrain planté de hêtres......................	4.1	—
Terrain planté d'épicea.......................	3	—

De ces chiffres résulte que même, sous le climat humide de l'Allemagne, malgré l'abondance des pluies qui, en 1886, atteignirent près d'un mètre, malgré que le sol des cases fût horizontal et qu'il n'y eût pas de perte par ruissellement, et bien que le terrain fut relativement meuble, les cases n'ayant pas été remplies de terre quelque vingt ans avant l'expérience, l'infiltration dans le cas le plus favorable n'a atteint que 7 pour 100 et est descendue sous des bois de peu de hauteur à 4 et 3 pour 100.

Ces chiffres corroborent, on le voit, les indications statistiques des géographes et démontrent d'une façon éclatante, combien sont précaires les conditions naturelles d'alimentation des sources, sous terre nue et encore plus, sous bois, même dans les régions tempérées et très pluvieuses.

Les chiffres cités pour le Nil, pour l'Algérie, quelque effrayants qu'ils soient, n'indiquent que des moyennes. En réalité, en bien des années, en bien des régions, le débit des sources et cours d'eau n'est ni 1/37 ni même 1/100 de celui des pluies. Nous avons constaté personnellement à diverses reprises que le petit oued qui dessert notre propriété sur le littoral près Ténès, l'oued Maïnis, dont le bassin hydrographique est de plus d'un millier d'hectares, est parfois plus d'un an sans donner lieu à un filet d'eau susceptible d'atteindre la mer ; notons que la majeure partie de son bassin est boisée.

1. A. DE LAPPARENT, *Traité de géologie*, p. 158

2. Dr EBERMAYER, *Influence de la forêt et de la constitution du peuplement sur le degré d'humidité du sol et sur la quantité d'eau infiltrée.*

De même, à la ferme du cap Kala, près Ténès, il est des années pendant lesquelles les bassins d'absorption que nous avons créés là, voici vingt-trois ans, en vue de recueillir les eaux de ruissellement de plus de cent hectares de montagnes et créer une source, n'arrivent pas à se remplir entièrement une seule fois, malgré leur faible capacité, 1,500 mètres cubes environ, et cependant il s'agit là de versants imperméables qui, il est vrai, sont en partie couverts de pins.

Influence de la capacité d'imbibition des terrains.

Ainsi donc sur le littoral algérien par 36° de latitude, la capacité d'imbibition superficielle des terrains peut pendant un an ne pas arriver un seul jour à saturation, et des versants très inclinés ne donner lieu qu'à des ruissellements insignifiants. Cela dépend à la fois de la quantité de pluie, du nombre de jours pluvieux, de leur espacement, de l'intensité des vents.

Les indigènes sont d'ailleurs bien fixés sur la rareté des infiltrations en ce pays. Sur tous les points de l'Algérie, sauf en Kabylie, peut-être, et en terrains très perméables, on les voit creuser des silos, c'est-à-dire des trous non maçonnés, et y loger leurs grains. Ce n'est point qu'ils recherchent avec un soin méticuleux les terrains les plus imperméables. Ils creusent simplement, proche leurs gourbis, sur un sol quelque peu déclive, des excavations en forme d'amphore, et neuf années sur dix le grain s'y conserve. Survient-il une année très pluvieuse, beaucoup de ces silos s'emplissent d'eau. L'orge, le blé dur subissent une fermentation putride particulière, se transforment en hammoun, lequel sert d'ailleurs à l'alimentation des indigènes. De là résulte évidemment qu'une expérience séculaire leur a démontré que l'eau s'infiltre rarement en profondeur dans la plupart des terres. Leur opinion est des plus fondées : maints faits nous permettent de l'établir.

En 1887, nous plantâmes 70 hectares de vigne ; la sécheresse fut telle, que moitié des boutures ne prirent point. En 1888 et 1889, les manquants furent remplacés à la barre à mine ou plantoir ; finalement, en 1890, on pratiqua de petites fosses et l'on y planta des boutures enracinées pour garnir les vides encore existants. Grande fut notre suprise en constatant que les mottes du défoncement de 1887 étaient encore intactes en profondeur. Pendant ces trois années, l'eau n'avait pu traverser une épaisseur de terre meuble de 35 à 40 centimètres, caverneuse en dessous.

Autre fait : en 1897, nous construisîmes une digue à Maïnis, et constatâmes, à bien des reprises, que l'eau de pluies séjournait pendant plusieurs jours dans les petites dépressions du dessus de la digue, et cependant nous n'avions point damé ce remblai. Il s'agissait là de terres en l'air, non tassées, pas très argileusess, que l'on n'eût certes pas classées comme terres imperméables.

Fait bien plus significatif, car il s'agit ici d'une coutume séculaire chez un peuple de haute civilisation : les Espagnols de la province de Murcie recouvrent d'une couche de terre argileuse les terrasses de leurs demeures. Pendant bien des années, il n'y a pas trace de suintement au-dessous ; puis, inopinément après quelques jours de pluies copieuses consécutifs, tout le massif arrivant à saturation l'égouttage commence et pendant de longues journées, ainsi que nous l'avons expérimenté à nos dépens, étant à Aguilas, province de Murcie, des filets d'eau coulent dans les appartements. Ce n'est donc pas que ces terres argileuses soient réellement imperméables ; il s'établit là un régime plus ou moins instable. La pluie arrose le dessus de la couche, l'eau imbibe quelques centimètres d'argile, la pluie cessant, l'évaporation intervient pour assécher le massif. Il y a appel d'eau vers la surface soleillée. De nouvelles pluies survenant, l'infiltration reprend sa marche vers le bas. L'évaporation arrête ensuite ce mouvement de descente et ces intermittences se reproduisent jusqu'à tant que survienne une période de pluies copieuses et prolongées, pendant laquelle la capacité d'imbibition arrive enfin à saturation. Dès lors, l'eau filtre à travers la couche argileuse.

Un phénomène du même genre se produit chaque année sur une échelle immense, en tous les points du globe, et cela sous l'influence exclusive des variations du degré d'assèchement de l'atmosphère.

Bien avant que les pluies ne commencent à tomber, l'on voit vers la fin de l'été l'eau sourdre dans les marécages asséchés et le débit des sources superficielles s'accroître dès que les chaleurs diminuent. L'appel vers le haut provoqué par l'évaporation du sol diminuant, la descente par infiltration vers le bas, reprend son cours dans les massifs spongieux humides, dans les nappes alimentaires des sources.

Ces détails minutieux paraîtront à première vue surabondants, il n'en est rien : ils éclairent le sujet dont nous poursuivons l'étude de constatations indiscutables, faites sur le terrain, en plein champ.

Nous avons noté ci-dessus quelle minime fraction des eaux de pluie débitent les fleuves, les rivières des contrées chaudes, mais il s'agit là des débits totalisés des bassins hydrographiques ; en réalité, même en pays très secs, l'on voit des sources abondantes engendrées par de très minimes surfaces de terrain.

Qui n'a, en effet, dans des excursions, en régions accidentées, été frappé de voir sourdre, presque au sommet des montagnes rocheuses, des eaux vives pérennes ?

Tout d'abord surpris, on recherche de quel massif supérieur important peuvent provenir ces eaux ; puis estimant approximativement la surface réceptrice d'amont et la pluie reçue, l'on conclut qu'il n'est nullement besoin de faire intervenir le siphonnement des sommets voisins. Bien minime, en effet, est la surface nécessaire pour alimenter une source, débitant quelques milliers de litres par jour, pendant un an, si les conditions physiques du sol sont favorables. La disproportion entre les sources et les pluies est donc chose fortuite et nullement de force majeure, même en plein désert. C'est l'étude de ces conditions favorables que nous allons maintenant entreprendre.

Causes diverses de la pénurie des sources.

L'aridité estivale des oueds algériens n'est point exclusivement le fait du faible contingent des pluies, elle est en outre due aux causes suivantes :

Imperméabilité relative des terrains ;

Ascension par capillarité ;

Grande capacité d'imbibition ou mieux de retenue.

Puissance évaporatoire de l'atmosphère :

Enorme transpiration des végétaux.

Ces causes ont pour effet de rendre très précaires les conditions naturelles d'alimentation des sources.

Perméabilité
Vitesse
d'infiltration

On peut la caractériser par la vitesse avec laquelle l'eau s'infiltre dans un massif de terrain d'épaisseur déterminée. Elle dépend des dimensions des matériaux dont le sol est composé : pierres, gravier, sable, terre ; de la porosité de ces éléments, de l'importance des interstices qui les séparent, de la présence dans ces interstices d'une matière agglutinante, de la nature de ce ciment, finalement de la capacité d'imbibition.

Dans la pierraille, le gravier et le gros sable siliceux non poreux, cette vitesse est considérable, en quelques secondes la pluie peut descendre à bonne profondeur, la capacité d'imbibition étant très faible 5 à 7 pour 100 en volume.

Dans le sable fin, quelque soin que l'on ait pris de le laver à l'eau pure pour le dépouiller de tout limon, cette vitesse est déjà moindre surtout s'il s'agit d'un sable calcaire formé d'éléments poreux, la capacité d'imbibition est déjà notable 20 à 25 pour 100 en volume.

Dans la terre végétale sèche, l'eau fournie par des pluies, même très copieuses, peut ne s'infiltrer que très lentement et rester en suspens dans la couche superficielle pendant des semaines, ce qui dans les climats lumineux donne à l'atmosphère tout loisir pour la reprendre car, ainsi que le fait observer judicieusement Schlœsing (*Encyclopédie chimique de Frémy*, *Chimie agricole*, p. 93) : « *Les pores des éléments du sol peuvent bien se vider par l'évaporation mais non par l'effet de l'égouttage* ». C'est là un fait de très haute importance que les forestiers négligent de prendre en considération, ce qui vicie entièrement leurs conclusions.

Un premier essai sur terre argilo-siliceuse séchée à l'étuve, criblée à travers un tamis à mailles de 1 m/m 6 de côté, va nous permettre de préciser nos dires.

Le 2 mai 1906, nous remplîmes avec cette terre un tube en verre de 9 centimètres de diamètre et quarante-quatre de hauteur (réfrigérant de laboratoire) dont la partie conique était garnie de menus graviers.

De 7 heures 20 du soir à 9 heures 30, cette terre fut arrosée à diverses reprises et reçut au total 500 centimètres cubes d'eau. A 11 heures 10, l'humidité avait atteint une profondeur de 0 m. 175.

Voici la marche suivie par l'infiltration pendant les jours suivants :

TABLEAU N° 1

DATES	HEURES	PROFONDEUR D'INFILTRATION	DESCENTE EN 24 HEURES
		0m	
2 Mai	9 heures 30 soir	0.175	
2 —	11 — 10	0.215	
3 —	7 matin	0.235	0m
4 —	7	0.270	0.035
5 —	7 —	0.285	0.015
6 —	7	0.295	0.010
7 —	7	0.300	0.005
8 —	7	0.305	0.005
9 —	7	0.310	0.005
10, 11, 12, 13	7 — —	0.310	0.000

Après six jours l'eau n'était descendue qu'à 31 centimètres, et depuis ce moment elle se maintint à ce niveau sans plus descendre. Il s'agissait là d'une masse d'eau d'arrosage correspondant à une pluie très copieuse (79 millimètres) et l'expérience était poursuivie dans une pièce close. Très sûrement au soleil, en plein vent l'évaporation étant plus active l'eau fût descendue moins bas encore.

Notons que cette terre n'avait reçue aucune addition de sulfate de cuivre anhydre ou autre matière colorable par l'eau, ceci pour éviter tout élément étranger soluble, pouvant modifier la capillarité.

Les faits importants à retenir de cet essai, sont que l'eau n'est descendue en profondeur que de 35 millimètres, le lendemain de l'arrosage ; de 1 m/m 5, le surlendemain ; de 1 m/m, le troisième jour ; de 0 m/m 05, les quatrième, cinquième et sixième jour, et finalement le mouvement de descente cessa.

Le volume de terre humide était de 968 centimètres cubes ; l'eau d'arrosage 500 centimètres cubes ; l'évaporation a enlevé à la terre ainsi qu'il résulte d'expériences faites au même moment, dans ce laboratoire 2 m/m par jour soit en six jours 12 millimètres environ sur les 79 reçus. Finalement, l'humidité moyenne du massif imbibé était au 10 mai de 22 pour 100 alors que la capacité d'imbibition à saturation de cette terre atteint 37 pour 100.

Dans un essai fait en plein soleil, en plein vent sur un bocal cylindrique en verre de 148 millimètres de diamètre et 258 millimètres de profondeur, rempli de la même terre tamisée puis arrosée à diverses reprises jusqu'à absorption de 600 centimètres cubes d'eau, ce qui correspondait à une pluie de 54 m/m 7, l'infiltration a suivi la marche indiquée par les chiffres ci-dessous :

13 Mai,	7 heures	matin	0 m. 102
14	—	—	0 m. 112
15	—	—	0 m. 117
16	—	—	0 m. 122

Ainsi, après trois jours, une pluie de 54 m/m 7 sur une terre parfaitement ameublie ne serait descendue qu'à 122 millimètres de profondeur ; or, pendant un si long délai, la reprise par l'atmosphère est considérable sauf en plein hiver ; l'on voit par là combien les pluies d'orage de mai sont peu aptes à contribuer à l'alimentation des sources.

Dausse a d'ailleurs établi depuis longtemps déjà, on le sait, que les pluies de la saison chaude sont sans influence sur leur alimentation dans le bassin de la Seine.

Retenons de ces constatations que dans les terrains en culture bien ameublis, la lenteur des infiltrations est une cause importante de perte par évaporation.

Dans les terrains non ameublis, l'infiltration est plus rapide, mais l'eau ruisselle à la surface du sol, s'il n'est absolument horizontal et limité par des bourrelets de retenue, le résultat final n'est pas meilleur.

Ascension par capillarité

Après avoir sommairement examiné la marche de l'infiltration, il nous faut étudier celle de l'ascension par capillarité ; une première série nous a donné les chiffres suivants :

Tableau n° 2

Expériences sur l'ascension par capillarité

DATES	HEURES	TUBES A TERRE FINE	TUBES B TERRE FINE	TUBES C SABLE FIN	TUBES D SABLE FIN
		Diamètre : 0,022	Diamètre : 0,018	Diamètre : 0,020	Diamètre : 0,080
16 Mai	9 h. 30 soir	0m	0m	0m	0m
	9 h. 35 —	0.060	0.060	0.100	
	9 h. 40 —	0.080	0.075	0.125	
	9 h. 45 —	0.090	0.085	0.130	
	9 h. 50 —	0.100	0.095	0.135	
	9 h. 55 —	0.113	0.105	0.140	
	10 h. —	0.118	0.110	0,140	
	10 h. 5 —	0.120	0.115	0,145	
	10 h. 10 —	0.125	0.125	0.148	
	10 h. 30	0.140	0.140	0.155	
17 —	7 h. matin	0.265	0.265	0.200	
	7 h. 30 —				0.000
	7 h. 35 —				0,085
	7 h. 40 —				0,105
	7 h. 45 —				0.110
	9 h. —	0.280	0.270	0.200	0,130
	1 h. 30 soir	0.295	0.295	0.200	0,145
	5 h. —	0.312	0.305	0.200	0.150
	9 h. 5 —	0.323	0.318	0.205	0,160
	10 h. 55 —	0.325	0.322	0.205	0.160
18 —	7 h. 50 matin	0.345	0.345	0.205	0.160
	1 h. soir	0.355	0.352	[1]	0.160
	4 h. —	0.360	0.360		0.160
19 —	7 h. 30 matin	0.380	0.380	0.210	0.170
20 —	1 h. soir	0.410	0.405	0.210	0,170
21 —	6 h. matin	0.428	0,415	0.215	0.170
22 —	7 h. —	0.440	0.420	0.220	0.170
23 —	7 h. —	0.435	0.430	0.222	0.170
24 —	8 h. —	0.460			
25 —	9 h. —	0.475			
26 —	7 h. —	0.478			
27 —	7 h. —	0.486			
28 —	7 h. —	0.497			
30 —	7 h. —	0.510			
2 Juin	7 h. —	0.520			
7 —	7 h. —	0.530			0.185

Ainsi qu'on le voit, la vitesse ascensionnelle est d'abord plus grande dans le sable que dans la terre, mais après quelques heures l'inverse se produit.

En 17 jours l'eau s'était élevée à 520 millimètres dans la terre et elle continuait son ascension à raison de 2 millimètres par jour du 2 au 7 juin.

Dans le sable l'ascension atteignit en 16 jours 170 millimètres dans le gros tube *D* et 222 millimètres dans le tube *C*.

Ajoutons ici que dans du très gros sable ou des menus graviers elle n'avait point dépassé dans ce même délai 45 millimètres.

1. Il s'est produit une lacune dans la colonne

Désireux de nous rendre compte et de l'influence perturbatrice du diamètre des tubes et de celle de l'air emprisonné, nous remplîmes de la même terre criblée neuf autres tubes, les uns ouverts des deux bouts numéros 1, 2, 3, 4, 5 du tableau ci-dessous, les autres fermés par le haut numéros 6, 7, 8, 9. Tous ces tubes plongeaient dans une auge étroite de un mètre de long renfermant une couche de terre de deux centimètres, noyée sous une lame d'eau dont on maintenait le niveau constant.

TABLEAU N° 3

Ascension de l'eau dans la terre

Influence de l'air emprisonné et du diamètre des tubes

DATES	HEURES	TUBES								
		1	2	3	4	5	6	7	8	9
	Diamètres	0,005	0,008	0,009	0,020	0,018	0,020	0,022	0,022	0,042
23 Mai	6 h. soir	0	0	0	0	0	0	0	0	0
	7 h. 5 —	140	125	125	140	125	30	30	25	28
	8 h. 5 —	160	155	145	170	150	40	45	30	35
	9 h. 10 —	200	190	188	205	180	74	62	55	43
—	10 h. 10 —	217	212	208	218	200	88	73	70	45
24 —	7 h. 40 mat.	336	335	323	318	300	148	138	120	108
» —	9 h. 40 soir	405	405	388	370	355	180	175	168	150
25 —	9 h. 15 mat.	440	442	422	400	385	190	207	206	174
» —	9 h. 15 soir	465	467	445	415	402	212	220	230	182
26 —	7 h. 30 mat.	480	483	460	428	420	220	235	240	193
27 —	7 h. 30 —	500	500	485	447	447	[1]	235	248	200
28 —	6 h. 30 —	525	522	502	460	455	»	245	262	210
30 —	6 h. 30 —	538	538	544	497	497	»	270	282	232
2 juin	7 h. matin	590	595	590	540	540	»	305	[2]	[1]
7 —	7 h. —	645	650	640	588	592	»	340	»	»
13 —	3 h. soir	673	692	683	615	630	»	368	»	»
18 —	5 h. —	[2]	730	[2]	660	675	»	»	»	»
24 —	8 h. matin	747	768	»	690	705	»	»	»	»
1er juillet	8 h. —	780	805	»	717	730	»	»	»	»
8 —	7 h. —	808	834	»	745	760	»	»	»	»
15 —	7 h. —	[2]	855	»	»	»	»	»	»	»
			[3]	»	»	»	»	»	»	»

Dès les premières heures, il devient manifeste que l'eau en s'élevant dans les éprouvettes fermées par le haut (tubes nos 6, 7, 8, 9), refoulait l'air de ces tubes et que cet air comprimé diminuait dans des proportions considérables la vitesse d'ascension. Vers le troisième jour, nous constations que des bulles d'air se dégageaient du bas de deux de ces éprouvettes ; l'air s'était frayé un chemin à travers la terre saturée d'eau. Chose singulière, il nous a paru en outre manifeste que tubes et éprouvettes, ces dernières surtout, adhéraient fortement sur le fond de l'auge, mais il n'a pas été fait d'essais pour s'assurer si cette impression était fondée.

1. Sommet de l'éprouvette atteint.
2. Niveau d'ascension invisible.
3. A peine discernable.

Dans plusieurs de nos expériences antérieures d'imbibition en vases clos par le bas, l'air emprisonné ne réussissait pas toujours à se frayer un chemin et à se dégager dans l'atmosphère. Cet air comprimé soulevait la terre, la colonne présentait alors une lacune de 2 à 3 millimètres de hauteur sur toute la section des bocaux, et ce malgré une surcharge d'eau de 1 à 2 centimètres. Grâce à cette lacune l'eau ne pouvait plus s'infiltrer.

Ces expériences portaient, il est vrai, sur des récipients dont le plus grand n'avait pas plus de 90 millimètres de diamètre. Néanmoins tout donne à penser que, dans un sol homogène, les gaz que recèle la terre doivent retarder fréquemment l'infiltration.

L'influence du diamètre des tubes est ici manifeste ; du 23 mai au 8 juillet, l'eau a pu s'élever à 808 et 834 millimètres dans les tubes de 5 et 8 millimètres de diamètre, et seulement à 745 et 760 dans ceux de 20 et 18 millimètres. L'ascension est donc plus rapide en petits tubes.

Après 15 jours l'ascension continuait encore dans le tube n° 2 et ce à raison de 3 millimètres par 24 heures.

Deux difficultés sont à signaler. Sous l'influence de l'air emprisonné les colonnes de terre se scindent, l'ascension par capillarité peut être modifiée pendant un temps plus ou moins long. Parfois la colonne se ressoude, d'autre fois les deux tronçons restent séparés.

La ligne séparative terre sèche, terre humide, n'est pas toujours facile à percevoir. Il se produit des intermittences dans l'ascension, elles sont attribuables au gonflement de la terre et à la présence des masses d'air comprimé, ce qui a pour effet de diminuer la section réelle à travers laquelle la capillarité s'exerce.

Une deuxième série observée d'octobre 1906 à fin janvier 1907, sur des tubes ouverts des deux bouts, nous a donné les indications suivantes :

Tableau N° 4

HEURES	DATES	TUBES				
		TERRE 1	TERRE 2	TERRE 3	TERREAU 4	SABLE FIN 5
		Diamètre : 5 m/m	Diamètre : 8 m/m	Diamètre : 60 m/m	Diamètre : 60 m/m	Diamètre : 60 m/m
19 octobre	3 h. soir	0	0	0	0	0
20 —	5 h. —	0,420	0.404	0.360	0.120	0,180
21 —	9 h. 45 soir	0.475	0.455	0,400	0.125	0.180
22 —	9 h. 15 —	0,515	0.508	0,462	0.145	0.185
23 —	— —	0.540	0.537	0.480	0,160	0.185
25 novembre	—	0.805	0.795	0,720	0,448	0,210
27 décembre	—	invisible	0,970	0,825	0,525	0,235
25 janvier	—	—	invisible (1)	0,860	0.580	0,240
13 mars	—	—	—	invisible	0,620	0,240

1. La colonne de terres est brisée à 0 m. 25 à partir du bas, la lacune à trois à quatre millimètres de haut et s'étend à toute la section ce qui nous a contraint à notre regret à ne plus poursuivre nos observations.

Les tubes 1, 2, 3 renferment la terre végétale précédemment expérimentée :

Le tube 4 renferme du terreau de pin.

Le tube 5 renferme du sable fin.

Ici encore l'ascension est très lente dans le terreau. L'influence des tubes est manifeste, la vitesse d'ascension est plus grande dans les petits tubes. Des chiffres des tableaux précédents résulte qu'une nappe d'eau, située à un mètre de profondeur, et sans doute plus bas encore, peut laisser son eau remonter par capillarité à la surface. Le calcul a permis au physicien Jamin, le savant professeur de l'Ecole Polytechnique, de fixer à 300 mètres la hauteur à laquelle l'eau pourrait s'élever par capillarité dans un massif pour lequel les dimensions des pores ou interstices seraient réduites aux dimensions des molécules.

L'expérience lui a montré qu'un manomètre mis en communication avec le centre d'un bloc de plâtre préalablement sec et que l'on laisse s'imprégner d'eau marquait, après quelques jours, une pression de plus de 30 mètres d'eau.

Pratiquement, l'on peut considérer comme négligeable l'ascension par capillarité d'une nappe située à 4 ou 5 mètres de profondeur. Il n'en est pas de même si celle-ci est seulement à 1 mètre, le débit de la source qu'elle alimente sera en ce cas amoindri, pendant la période des chaleurs, si même il n'est entièrement annihilé.

L'ascension par capillarité contribue donc à rendre précaire l'alimentation des sources dues aux nappes aquifères peu profondes. Ajoutons dès maintenant que de l'ensemble de nos essais il résulte que la protection des eaux souterraines sera mieux assurée par un revêtement de 5 centimètres de gravier ou 30 centimètres de sable que par 1 mètre de terre arable.

Mesure de la capacité d'imbibition

Divers auteurs parmi lesquels il convient de citer Schlüber, Mazure, Schlœsing, se sont appliqués à déterminer sa valeur.

Dans sa première méthode Schlüber délayait la terre dans l'eau et la jetait sur un filtre. Dès que l'égouttement cessait, il déterminait le poids de la terre humide, puis il calculait le rapport de l'eau d'imbibition au poids de la terre sèche.

C'est ce rapport qui représente la capacité d'imbibition en poids. Dans sa seconde méthode il émiettait la terre sèche, sur un papier filtre, l'arrosait jusqu'à saturation, puis après ressuyage calculait le rapport ci-dessus défini.

Ces deux méthodes sont très défectueuses ainsi que le fait observer Schlœsing ; jamais l'on a pu extraire du sol le plus mouillé un échantillon de terre aussi chargé d'eau que ceux que Schlüber pesait sur ses filtres.

Schlœsing munissait d'une toile l'orifice inférieur d'un tube, l'immergeait dans une cuve pleine d'eau, jetait la terre émiettée dans le tube jusqu'à remplissage au niveau de l'eau. Il le soulevait ensuite, puis déterminait le rapport des poids : eau d'imbibition et terre sèche.

Les résultats des essais de ces auteurs sont consignés ci-après :

TABLEAU N° 5

	Schlüber		Schloesing
	TERRE DÉLAYÉE dans de l'eau puis jetée sur un filtre	TERRE SÈCHE émiettée sur le filtre puis arrosée	TERRE ÉMIETTÉE jetée dans un tube plein d'eau
Sable grossier	16	16	3.0
Sable fin	20	20	7.3
Terre argileuse	47.7	49	35.0
Terre argilo-calcaire meuble	43.5	51.7	30.0
Terre argilo-sableuse	45.7	54.7	37.5
Terre de forêt sable très fin	57.7	61.8	42.0
Calcaire sableux	40.0	47.0	32.0

Les écarts on le voit sont considérables d'un auteur à l'autre pour une même nature de terrain.

Les chiffres de Schlœsing ne sont point d'ailleurs à l'abri de toute critique. Le fait d'émietter la terre puis, après émiettement, de la jetter dans l'eau, facilite singulièrement l'expulsion de l'air. Arrivée au fond du tube la terre n'a d'ailleurs plus la même composition ; les particules les plus grosses sont au fond, les plus fines vers le haut. Les bulles d'air qui seraient restées emprisonnées dans un sol naturel auraient fait obstacle à la descente de l'eau par égouttage et, sans doute, accru la capacité de retenue, malgré diminution par l'air des vides des interstices.

D'autre part, dans ces tubes, il y a une couche limite représentée par la toile qui sépare la terre humide de la couche d'air sous-jacente. Les phénomènes de tensions superficielles, à la surface de séparation, toile humide, air, tendent à faciliter la sustentation du liquide.

Ces deux effets pertubateurs et de sens contraire s'équilibrent-ils ? Nous ne saurions le dire.

« En réalité la facilité d'imbibition d'une terre ne peut s'exprimer par un chiffre invariable. Elle dépend de l'épaisseur de la couche arable, de la nature du sous-sol qui est plus ou moins perméable, de la profondeur à laquelle se trouve la nappe souterraine ; elle dépend aussi des dimensions des particules, dimensions qui varient pour une même terre depuis le dernier labour[1] ».

Les essais de cet auteur ne sauraient en effet donner la mesure réelle de la capacité d'imbibition, il n'y a point identité dans la distribution de l'eau entre deux massifs d'une même terre, l'un indéfini en profondeur (terrain naturel), l'autre de hauteur très limitée (0,35), tube de Schlœsing fermé au bas par une toile filtrante.

La méthode que nous avons employée pour déterminer les capacités d'imbibition de divers matériaux consistait à remplir un tube cylindro-conique de 9 centimètres de diamètre sur 44 centimètres de hauteur, de la terre, du sable ou du gravier à essayer.

1. SCHLŒSING, *loc. cit.*, p. 99

Le goulot de la partie conique était obstrué par des petites pierres. Après remplissage du récipient avec la matière à essayer, l'eau était versée par-dessus, par petites quantités successives jusqu'à ce qu'il y eût égouttement par le bas.

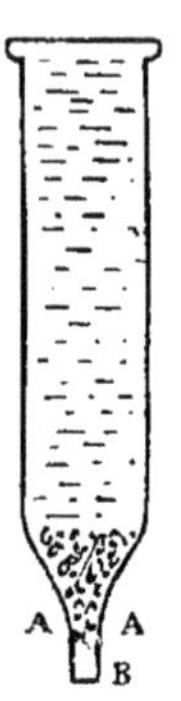

L'arrosage était continué assez abondant pour que tout le massif fût bien mouillé, nous déterminions ensuite le rapport du volume d'eau restée en suspension au volume du récipient. La substitution d'un tube terminé en pointe au tube cylindrique de Schlœsing modifie sensiblement les conditions de l'égouttage.

Si le massif de terre renferme le moindre excès d'eau d'imbibition, cette eau converge vers la section étroite *A A* au lieu de s'étaler sur toute la section inférieure du tube cylindrique, elle suit la paroi de verre de *A A* en *B*, sans être arrêtée par la tension superficielle. Elle s'accumule en une goutte, en un point du périmètre B, et après avoir suffisamment grossi cette goutte tombe.

Les conditions d'imbibitions sont à peu près semblables à celles que l'on rencontrerait dans un terrain naturel, dont le sous-sol à partir du niveau A A serait très perméable.

Nous avons ainsi obtenu les chiffres suivants :

Tableau n° 6

	CAPACITÉ DE RETENUE EN VOLUME
Gravier de 28 à 10 millimètres de côté	4,9 pour cent
Gravier de 10 à 2 m/m 8 de côté	6,5 —
Gros sable de 2 m/m 8	6,9 —
Sable fin calcaire	22.5 —
Terre argilo-siliceuse criblée au tamis de 2 m/m 8	37,0 —
Terreau de pin de 0,660 de densité passé au même crible	45.0 -

Nos chiffres représentent des quantités différentes de celles de Schlœsing et Schlüber, et c'est pourquoi nous les appelons capacités de retenue en volume. Ils permettent de se rendre plus aisément compte de la profondeur d'imbibition qu'une pluie permet d'atteindre.

Nous voyons immédiatement que pour que l'eau sature la capacité de retenue d'une couche d'un mètre d'épaisseur, il faudra :

Pour le gravier	49	millimètres	de pluie
Pour le gros sable	69	—	—
Pour le sable fin	225	—	—
Pour la terre argilo-siliceuse	370	—	—
Pour le terreau de pin	450	—	—

Seules les quantités de pluie supplémentaire seraient débitées par un drainage sous-jacent. L'on voit par là quel avantage énorme offrent les matériaux non poreux, à gros éléments et, par contre, quel redoutable obstacle la capillarité des éléments très fins offre à l'infiltration des eaux, autrement dit à l'alimentation des sources.

Ajoutons pour éviter toute équivoque que les chiffres ci-dessus ne représentent nullement les profondeurs auxquelles descendrait l'humidité si ces couches avaient plusieurs mètres d'épaisseur. C'est ainsi que dans le cas d'une terre argilo-siliceuse, la couche aride autrement dit la couche ne recevant aucun apport d'humidité, en suite de l'absorption intégrale de 370 millimètres de pluie, serait d'après nos observations à 5×0^{m}370 soit 1^{m}850 de profondeur.

Sur les Hauts-Plateaux du Sud Algérien, d'après l'*Essai de Climatologie algérienne*, de M. Thévenet, la moyenne annuelle des pluies est de 315 millimètres pour les 13 stations ci-après : Saïda, Aïn-Sefra, Mécheria, Daya, Géryville, El-Aricha, Aflou, Djelfa, St-Hélène, Bordj-bou-Arréridj, Tébessa, Batna, Sétif, et cette moyenne atteint seulement pour l'ensemble de nos stations météorologiques sahariennes, Biskra, Bou-Saâda, Laghouat, Ghardaïa, Tuggurt, Ouargla, El-Goléa, 146 millimètres. En supposant les pluies uniformément réparties sur toute l'année et qu'il n'y ait pas d'évaporation, il faudrait quatorze mois dans les Hauts-Plateaux et trente mois dans le Sahara pour saturer la capacité de retenue d'une couche de terre argilo-siliceuse d'un mètre d'épaisseur, et s'il s'agit d'humus de pins, dix-sept mois dans la première région et trente-six dans la seconde, soit trois ans. Mais ainsi que nous allons le voir la reprise par l'atmosphère est si énergique, en dehors des mois d'hiver, surtout pour les terrains couverts de cultures ou de bois, que la possibilité d'infiltration sous terre végétale, ou sous humus à cette profondeur d'un mètre, doit être d'ores et déjà envisagée comme absolument exceptionnelle et pour ainsi dire inexistante dans le Sud Algérien.

Seuls les terrains ayant une très faible capacité de retenue : roche, pierraille, gravier, sable pourront alimenter les sources.

Tableau N° 7

Evaporation et pluies annuelles en diverses localités

LOCALITES	LATITUDE	ÉVAPORATION	PLUIES	RAPPORT évaporation à pluie
Copenhague	55° 41'13''	209.8	468	0,44
Stockolm	59° 20'33''	301.8	518	0,58
Lille	50° 38'44''	887.0	666	1,3
Paris	48° 50'49''	750.0	515	1,4
Genève	46° 11'31''	1210.0	746	1,6
Orange	44° 8'18''	1875.8	696	2,6
Marseille	43° 18'16''	2289.2	512	4.4
Rome	41° 54' 6''	2462.0	750	3.2
Arles	43° 40'40''	2563.6	423	6,6
Hauts-Plateaux	35°	3335.0	315	10.5
Sahara	30°34°	4174.0	146	28,1

Les chiffres relatifs à l'évaporation et aux pluies ont été extraits pour l'Europe de : de Gasparin, Flammarion, et V. Raulin, *Observations pluviométriques*.

Ceux relatifs à l'évaporation en Algérie ont été obtenus en multipliant par 1,46 l'évaporation à l'ombre donnée par M. Thévenet pour Saïda, Tébessa, Batna, Aïn-Sefra, Sétif, Djelfa, Méchéria, Géryville, El-Aricha, Aflou pour les Hauts-Plateaux et Biskra, Gardhaïa, Bou-Saâda, Laghouat pour le Sahara.

Nous verrons ci-après en établissant le bilan pluie et évaporation pour Saïda comment a été obtenu ce coefficient 1,46.

Ainsi qu'on le voit par les chiffres de ce tableau, l'évaporation s'accroît du nord au midi de l'Europe dans d'énormes proportions. A un écart de latitude de 15°30 entre Stockolm, Copenhague et Rome, Marseille, Arles, correspond une évaporation dix fois plus grande. Par contre la quotité des pluies oscille entre des limites assez étroites en Europe, 400 à 800 millimètres, et leur distribution d'un point à l'autre dépend, non de la latitude, mais du relief du sol et du voisinage des mers. Il en résulte clairement que l'alimentation des sources et cours d'eau devient de plus en plus précaire en allant vers le Sud. Ce sont là vérités connues de tous.

Nous avons cru bon néanmoins de préciser cet état de chose par des chiffres, car en fait l'on n'en tient nul compte, tout comme si on l'ignorait. En tout lieu on professe dogmatiquement comme un axiome évident et certain que le boisement est le moyen le plus efficace pour accroître les sources et l'on se refuse à prendre en considération la puissance, ou l'exiguïté de l'évaporation, l'abondance ou la pénurie des pluies, et cependant il est bien certain que la solution à adopter en chaque lieu doit être sous la dépendance du rapport de ces deux éléments. Elle ne saurait être la même en région froide et humide ou en pays chaud et aride. A Paris, l'évaporation est à la pluie dans le rapport 1, 4 à 1. Sur les Hauts-Plateaux ce rapport atteint 10,5, il est 7,5 plus grand ; peu importe, c'est toujours à l'arbre, ce grand buveur d'eau, que l'on demande de contribuer à l'alimentation des sources !

Il y a là une erreur énorme qui retarde singulièrement les progrès de la colonisation algérienne et tunisienne, notamment dans le Sud, et c'est pourquoi, malgré que notre première communication sur ce sujet *Eau et Boisement* ait été fort mal accueillie et par l'administration et par le Congrès des Colons, tenu à Alger en 1905, nous n'hésiterons point à insister très fortement, à nous répéter sans cesse, jusqu'à ce que l'évidence de cette erreur éclate aux yeux de tous.

Bilan mensuel pluie et évaporation

L'évaporation sur les Hauts-Plateaux étant dix fois supérieure aux pluies, l'alimentation des sources et cours d'eau paraît devoir y être très précaire ; mais ce n'est là pour le moment qu'une présomption et il nous faut serrer la question de plus près.

Au lieu d'envisager la balance eau et évaporation pour une période d'une durée d'un an, établissons-la mois par mois pour une station déterminée : Saïda, par exemple.

La pluie moyenne s'élève, à Saïda, d'après M. A. Thevenet, à 430 millimètres.

En l'année 1894 cette localité reçut 504m/m,3 d'eau pluviale. Ce n'est donc point une année de sécheresse que nous avons choisie.

Dans le tableau n° 8 ci-dessous, les chiffres de la colonne 1 sont extraits des observations météorologiques du Gouvernement Général de l'Algérie, ceux de la colonne 2 de l'*Essai de Climatologie algérienne* ; ceux de la colonne 6 ont été calculés en ajoutant à l'évaporation moyenne à Saïda, déduite des observations de l'évaporomètre Piche ; les écarts constatés à Alger entre l'évaporation à l'ombre et au soleil, les chiffres obtenus sont par suite au-dessous de la réalité.

L'atmosphère à Saïda est beaucoup plus sèche, le ciel moins fréquemment couvert, le soleil plus vif.

Pour ces diverses raisons, les écarts réels entre l'évaporation au soleil et à l'ombre doivent être notablement supérieurs à ceux que nous sommes obligé d'adopter pour nos calculs, n'en possédant point d'autres, quelque défavorables qu'ils soient à notre thèse.

TABLEAU N° 8

Bilan mensuel pluie et évaporation d'une surface d'eau à Saïda (Année 1894)

MOIS	PLUIES	ÉVAPORATION moyenne par jour à l'ombre	ÉVAPORATION par mois à l'ombre	EXCÉDENT DES PLUIES	DÉFICIT DES PLUIES	ÉVAPORATION moyenne par jour au soleil	ÉVAPORATION par mois au soleil	DÉFICIT DES PLUIES
	1	2	3	4	5	6	7	8
	m/m	m/m	m/m	m/m	m/m	m/m	m/m	m/m
Janvier	87.0	2.8	86.8	0.2	»	3.4	105.4	18.4
Février	33.0	3.0	84.0	»	31.0	3.7	103.6	50.6
Mars	109.0	4.3	133.3	»	24.3	5.1	158.1	49.1
Avril	92.0	4.6	138.0	»	46.0	7.2	216.0	124.0
Mai	55.5	5.2	161.2	»	105.7	8.5	263.5	208.0
Juin	9.1	6.7	201.0	»	191.9	10.0	300.0	290.9
Juillet	2.8	9.5	294.5	»	291.7	14.4	446.4	443.6
Août	3.5	9.6	297.6	»	294.1	15.9	492.9	489.4
Septembre	2.8	6.2	186.0	»	183.2	9.9	297.0	294.2
Octobre	7.8	4.2	130.2	»	122.4	5.3	164.3	156.5
Novembre	15.9	[1] 3.6	108.0	»	92.1	5.1	153.0	137.1
Décembre	65.9	2.5	77.5	»	11.6	2.6	80.6	14.7
TOTAUX	504.3	»	1898.1	0.2	1394.0	»	2780.8	2276.5

Des chiffres des colonnes 4 et 5 résulte que même sans tenir compte de l'influence solaire, et supposant une surface d'eau à l'ombre, il n'est aucun mois pen-

1. L'*Essai de Climatologie*, p. 53, indique 5 m/m 6, mais c'est là une erreur d'impression ainsi qu'il résulte de l'évaporation calculée, p. 55.

dant lequel les pluies l'aient emporté sur l'évaporation possible, ce n'est qu'en janvier qu'il y a compensation.

Dans les conditions réelles de la nature, c'est-à-dire au soleil, les déficits mensuels sont beaucoup plus importants ainsi qu'il appert des colonnes 6, 7 et 8, sauf toutefois en décembre, mais il est fort probable que le chiffre de 2m/m,6 adopté pour l'évaporation en plein champ, pendant ce mois n'est point admissible pour Saïda.

Le graphique (planche 1), fait ressortir immédiatement à la vue que la somme des dépressions au-dessus de la ligne *A B* l'emporte sur les hauteurs de pluie, pendant chaque mois de l'année. La présomption de précarité en ressort, mais ici encore il ne s'agit que d'une première approximation.

Nous avons en effet jusqu'ici mis en présence les pluies tombées à Saïda en 1894, et, d'autre part, l'évaporation d'une surface d'eau ; or c'est celle de la terre qu'il nous faut prendre ici en considération pour pouvoir en déduire qu'elle sera l'importance ou l'exiguïté des infiltrations.

Évaporation des terres nues

De nombreux essais ont été faits par Schlœsing sur ce sujet, les uns portaient sur l'influence de la grosseur des éléments du sol, les autres sur l'humidité initiale, et il est arrivé aux conclusions suivantes :

1° L'évaporation est d'autant plus faible que l'humidité initiale du sol est plus petite ;

2° Elle est d'autant plus lente que les particules de terre sont plus fines.

Avec un sable quartzeux obtenu par criblage entre mailles de 0m/m 4 et 0m/m 5 et une humidité initiale de 15,6 pour cent, l'évaporation est à peu près constante pendant 10 jours et presque égale à celle d'une surface d'eau.

Les essais de Schlœsing étaient faits à l'ombre sur des terres imbibées uniformément dans toute la profondeur des récipients, tandis qu'il nous faut envisager le cas d'une terre exposée au soleil, recevant la pluie par-dessus, et sèche en profondeur au début de la saison pluvieuse.

On ne peut donc mettre à profit les chiffres de cet auteur pour résoudre la question qui nous occupe.

Pour éclairer notre sujet nous avons institué l'expérience suivante. Il a été choisi 6 bocaux cylindriques en verre, de 90 millimètres de diamètre sur 220 de hauteur, aussi identiques que possible. Le premier était rempli d'eau, les cinq autres de terre simplement séchée au soleil et criblée à travers un tamis à mailles de 2m/m,6 pour l'expurger des pierrailles et racines. Ces vases ont reçu des quantités d'eau correspondant à des hauteurs de pluie de 2m/m, 5—5—10—20 millimètres et 94m/m,5 ; ce dernier chiffre correspond à la saturation.

Ces six bocaux revêtus d'une chemise ont été exposés au dehors dans une caisse et disposés de façon à n'être ensoleillés que par leur surface supérieure.

On les a pesés à diverses reprises, ce qui permit de déterminer quelle était l'évaporation des terres à divers états d'humidité par rapport à une surface d'eau.

Le tableau ci-joint n° 9 a permis de calculer l'évaporation jour par jour, l'évaporation totalisée et de déduire la quantité d'eau restant dans chaque vase à une date quelconque. Ces bocaux n'ayant pas rigoureusement le même diamètre, on a calculé quelle aurait été l'évaporation du vase α s'il eût eu le diamètre du vase γ.

Les chiffres ainsi obtenus ont permis de tracer le graphique de la marche de l'évaporation dans chaque récipient.

Tableau n° 9

Evaporation, par rapport à une surface d'eau, de terres ayant reçu 2 m/m 5, 5 m/m 0, 10 m/m 0, 20 m/m 0, 94 m/m 5 de pluie

DATES ET HEURES	α EAU	β 2m m5 = 15 g. 5	γ 5 m m = 31 g. 4	δ 10m/m = 65 g. 7	ε 20m/m = 131 g. 4	η 94 m. m 5 = 628g 7	OBSERVATIONS
4 octobre 2 h. 30 soir	2088g0	2592g2	2507g0	2620g7	2750g4	3111g0	bocaux en plein vent et plein soleil
5 octobre 8 h. 30 matin	2079 0	2588 2	2499 5	2610 7	2741 4	3101 0	— —
6 — —	2054 0	2581 2	2486 5	2590 5	2715 4	3072 3	— —
— ramené à	2088 0						— —
7 — 8 h. 30 matin	2067 4	2578 5	2482 5	2579 9	2693 5	3045 9	— —
8 — —	2042 0	2575 4	2479 2	2574 4	2683 2	3020 2	— —
— ramené à	2088 0						— —
9 — 8 h. 30 matin	2061 7	2574 0	2475 0	2569 9	2675 0	2991 0	— —
10 — —	2031 4	2575 4	2477 5	2508 6	2672 5	2959 9	vent du sud.
— ramené à	2088 0						
11 —	2053 7	2581 2	2477 9	2568 7	2668 2	2924 2	quelques gouttes de pluie le matin.
12 —	2061 3	2575 8	2477 2	2566 8	2667 3	2900 0	peu de soleil, du vent.
13 —	2039 9	2575 0	2476 5	2565 0	2665 2	2879 5	
— ramené à	2088 0						
14 —	2067 9	2575 0	2476 2	2564 9	2662 5	2859 2	temps nuageux, gouttes d'eau, bocaux laissés au laboratoire, remis dehors le 15 octobre à 8 heures du matin.
16 —	2034 2			2561 0	2657 1	2831 8	
— ramené à	2088 0						
17 —	2069 5			2560 0	2654 5	2813 0	
— ramené à	2088 0						
18 —	2074 0	»	»	2558 5	2652 5	2799 6	pas de soleil, bocaux recouverts d'une tôle.
19 —	2059 8	»	»	2558 8	2654 8	2793 7	
— ramené à	2088 0						
20 —	2078 9	»	»	2559 2	2652 9	2787 1	
21 —	2065 0	»	»	2557 4	2651 3	2777 2	
— ramené à	2088 0						
22 —	2061 0	»	»	2556 5	2648	2761 0	
23 —	2019 5	»	»	2555 8	2647 0	2742 7	
— ramené à	2088 0						
24 —	2055 3	»	»	2554 7	2643 8	2729 0	
— ramené à	2088 0						
25 —	2073 0	»	»	2555 5	2644 9	2723 5	
26 —	2072 5	»	»	2557 7	2645 7	2719 2	bocaux recouverts par tôle, petite pluie.
— ramené à	2088 0						
27 —	2080 5	»	»	2555 0	2642 3	2715 8	bocaux sans tôle, pluie.
28 —	2077 0	»	»	2555 9	2644 5	2715 0	— —
29 —	2071 4	»	»	2554 2	2642 2	2709 6	pluie, bocaux laissés au laboratoire.
30 —	2064 2	»	»	2553 5	2641 2	2706 5	
31 —	2057 2	»	»	2551 8	2639 5	2700 5	
— ramené à	2088 0						
1er novembre	2081 8	»	»	2550 7	2638 3	2696 3	
2 —	2074 5	»	»	2549 2	2636 7	2692 0	
4 —	2062 4	»	»	2550 2	2635 0	2684 2	
Diamètre des bocaux	89 m/m 2	89 m/m 5	90 m/m 5	91 m/m 5	91 m/m 5	92 m/m 0	
Poids d'une lame d'eau de 1 m/m..........	6 g. 24	6 g. 29	6 g. 43	6 g. 57	6 g. 57	6 g. 64	

Ta

Déterminatio

DATES ET HEURES	α ÉVAPORATION par jour	ÉVAPORATION totalisée	ÉVAPORATION totalisée rectifiée	RELIQUAT	β ÉVAPORATION par jour	ÉVAPORATION totalisée
4 octobre, 2 h. 30				664		
5 — 8 h. 30	9 gr 0	9 gr 0	9 gr 5	654 gr 5	7 gr 0	7 gr 0
6 —	25 0	34 0	36 0	628 0	7 0	14 0
7 —	20 6	54 6	57 9	606 1	2 7	16 7
8 —	25 4	80 0	84 8	579 2	3 1	19 8
9 —	26 5	106 5	112 9	551 1	1 4	21 2
10 —	30 3	136 6	144 8	519 2	1 4	19 8
11 —	34 3	170 9	181 1	482 9	5 8	14 0
12 —	26 7	197 6	209 4	454 6	—5 4	19 4
13 —	21 4	219 0	232 1	431 9	—0 8	20 2
14 —	20 1	239 1	253 4	410 6	0 1	20 3
16 —	33 7	272 8	289 1	374 9	»	»
17 —	18 5	291 3	308 7	355 3	»	»
18 —	14 0	305 3	323 6	340 4	»	»
19 —	14 2	319 5	338 6	325 4	»	»
20 —	9 1	328 6	348 3	315 7	»	»
21 —	13 9	349 5	363 0	301 0	»	»
22 —	27 0	369 5	391 6	272 4	»	»
23 —	41 5	411 0	435 6	228 4	»	»
24 —	32 7	443 7	470 3	193 7	»	»
25 —	15 0	458 7	486 2	177 8	»	»
26 —	0 5	459 2	486 7	177 3	»	»
27 —	7 5	466 7	494 7	169 3	»	»
28 —	3 5	470 2	498 4	165 6	»	»
29 —	5 6	475 8	504 3	159 7	»	»
30 —	7 2	483 0	511 9	152 1	»	»
31 —	7 0	490 0	519 4	144 6	»	»
1er novembre	6 2	496 2	529 9	138 1	»	»
2 —	7 3	503 5	533 7	130 3	»	»
4	12 1	515 6	546 5	117 5	»	»

De ce tableau et du graphique n° 10 planche 2, ressortent les conclusions suivantes :

1° L'évaporation d'une terre aux 2/3 saturée d'eau est aussi considérable que celle d'une surface d'eau. Du 4 au 14 octobre, le vase η a perdu 251 gr. 8 et le vase à eau α 253,4 (chiffres rectifiés) à ce moment, la terre ne renfermait plus que 431 gr. 9 d'eau, son degré d'humidité était donc de 431,9/2024 soit 21 pour 100, tandis qu'à saturation il atteint 628,7/2024 soit 31 pour 100 ;

2° Une pluie de 2 m/m 5 a été entièrement évaporée en 2 jours et 6 heures ;

3° Une pluie de 5 millimètres en 4 jours et 18 heures ;

4° Une pluie de 10 millimètres en 20 jours.

5° Après 30 jours une pluie de 20 millimètres laissait encore en terre 15 gr. d'eau, ce qui correspond à 15/6,57 soit 2 millimètres 2 d'épaisseur ;

ats en Eau

ÉVAPORATION totalisée	RELIQUAT	ÉVAPORATION par jour	ÉVAPORATION totalisée	RELIQUAT	ÉVAPORATION par jour	ÉVAPORATION totalisée	RELIQUAT	ÉVAPORATION par jour	ÉVAPORATION totalisée	RELIQUAT
	31 4			65 7			131 4			628 7
7 gr 5	23 gr 9	10 gr 0	10 gr 0	35 gr 7	9 gr 0	9 gr 0	122 gr 4	10 gr 0	10 gr 0	618 gr 7
20 5	11 9	20 2	30 2	35 5	26 0	35 0	96 4	28 7	38 7	590 0
24 5	6 9	10 6	40 8	24 9	21 9	56 9	74 5	26 4	65 1	563 6
27 8	3 6	5 5	46 3	19 4	10 3	67 2	64 2	25 7	90 8	537 9
32 0	0 6	4 5	50 8	14 9	8 2	75 4	56 0	29 2	120 0	508 7
29 5	1 9	1 3	52 1	13 6	2 5	77 9	53 5	31 6	151 6	477 1
29 1	2 3	0 1	52 0	13 7	4 3	82 2	49 2	35 2	186 8	441 9
29 8	1 6	1 9	53 9	11 8	0 9	83 1	48 3	24 2	211 0	417 7
30 5	0 9	1 8	55 7	10 0	2 1	85 2	46 2	20 5	231 5	399 2
30 7	0 7	0 1	55 8	9 9	2 7	87 9	43 5	20 3	251 8	376 9
»	»	3 9	59 7	6 0	5 4	93 3	38 1	28 2	280 0	347 7
»	»	1 0	60 7	5 0	2 6	96 9	34 5	18 0	298 0	330 7
»	»	1 5	62 2	3 5	2 0	98 9	32 5	13 7	311 7	317 0
»	»	—0 3	61 9	3 8	—2 3	96 6	34 8	5 9	317 6	311 1
»	»	—0 4	61 5	4 2	1 9	98 5	32 9	6 6	324 2	304 5
»	»	1 8	63 3	2 4	1 6	100 1	31 3	9 9	334 1	294 6
»	»	0 9	64 2	1 5	2 9	103 0	28 4	16 2	350 3	278 4
»	»	0 7	64 9	0 8	1 4	104 4	27 0	18 3	268 6	260 1
»	»	1 1	66 0	—0 3	3 2	107 6	23 6	13 7	389 3	246 4
»	»	—0 8	65 2	0 5	—1 1	106 5	24 9	5 5	387 8	240 9
»	»	—0 2	65 0	0 7	—0 8	105 7	25 7	4 3	392 1	236 6
»	»	+0 7	65 7	0 0	3 4	109 1	22 3	3 4	395 5	233 2
»	»	—0 9	64 8	0 9	—2 2	106 9	24 5	0 8	396 3	232 4
»	»	1 7	65 5	—0 8	2 3	109 2	22 2	5 4	401 7	227 0
»	»	0 7	67 2	—1 5	1 0	110 2	21 2	3 1	404 8	223 9
»	»	1 7	68 9	—3 2	1 7	111 9	19 5	6 0	410 8	217 9
»	»	1 1	70 0	—4 3	1 2	113 1	18 3	4 2	415 0	213 7
»	»	1 5	71 5	—5 8	1 6	114 7	16 7	4 3	419 3	209 4
»	»	—1 0	70 5	—4 8	1 7	116 4	15 0	7 8	427 1	201 6

6° Après 30 jours, une pluie de 94 m/m 5 eût laissé encore en terre 201 gr. 6 d'eau, soit une épaisseur de 201,6/6.64 = 30 m/m 3.

Ainsi d'une part, les pluies légères sont rapidement reprises par l'atmosphère, les pluviomètres des stations météorologiques les enregistrent, mais la terre n'en profite guère ; d'autre part, tout au contraire, lorsqu'une pluie a été assez copieuse pour que les infiltrations pénètrent assez profondément, l'atmosphère est incapable de reprendre promptement toute l'eau, il se forme à la surface du sol une croûte protectrice, et, ainsi que le dit Schlœsing, la terre nue se défend énergiquement contre un complet assèchement.

Deux observations s'imposent ici du 26 octobre au 4 novembre, il nous a fallu couvrir les bocaux à l'aide d'une toiture ou les rentrer à l'intérieur pour éviter que la pluie ne mette fin à l'expérience que nous poursuivions. Les chiffres inscrits entre ces dates ne représentent donc point l'évaporation en plein vent ; celle-ci eut été bien plus grande. En fait, l'air n'est jamais saturé au niveau du sol même quand il pleut, et le vent accroît considérablement les pertes en eau.

En second lieu, il convient de dire que si une terre revêtue d'une croûte due à l'assèchement est très apte à retenir opiniâtrement l'eau enfouie, cette même croûte facilite singulièrement le ruissellement, les pluies nouvelles glissent sur cette surface. Le ruissellement est alors très fort, l'infiltration très faible, ainsi qu'on le verra dans le paragraphe consacré aux ruisseloirs.

L'alimentation des sources en régions arides à l'aide de terres sans végétation est par suite chose fort problématique.

Bilan pluie et évaporation jour par jour pour les terres nues.

Après avoir examiné ce bilan, mois par mois, à Saïda, année 1894, pour une surface d'eau, nous aurions voulu l'établir, jour par jour pour les terres en tenant compte et des pluies réellement tombées en cette année assez pluvieuse et de l'évaporation d'une terre horizontale disposée de façon à ne donner lieu à aucun ruissellement, ce qui en fait dans la nature n'est réalisé que par les bas-fonds : étangs, marais, sebkas. Les observations météorologiques du réseau africain donnent les pluies jour pour jour. *L'Essai de Climatologie* de A. Thevenet, indique l'évaporation moyenne en chaque mois et des chiffres du tableau ci-dessus n° 10 on peut déduire le rapport de l'évaporation d'une terre humide à divers degrés, à celle d'une surface d'eau. Voici comment nous établirions ce bilan, en prenant pour point de départ la première pluie survenue après la saison sèche et admettant qu'il n'y a pas de reliquat d'eau en terre.

TABLEAU N° 10

DATES	SOLDES	PLUIES	TOTAUX	COEFFICIENTS d'evaporation	ÉVAPORATION par jour	SOLDES
1903, 3 Déc.	00	3 m/m 0	3 m/m 0	7/9 × 2,6	2,02	0,98
— 4 —	0,98	2 — 0	2 — 98	9/9 × 2.6	2,6	0,38

Mais ces calculs seraient fautifs. En réalité nous ignorons comment, après quelques pluies, va se distribuer l'humidité des eaux infiltrées. Il se produira au sein de la terre, des séries d'ondes humides descendantes et ascendantes fort complexes, tout comme pour les ondes caloriques, peu abordables par le calcul. En fait cette recherche est secondaire, partout où il pleut quelque peu, la terre végétale se revêt de végétaux. Il nous faut donc nous attacher surtout à rechercher quels sont les prélèvements dus à la transpiration des plantes et des arbres.

Evaporation comparée des terres nues, des terres emblavées, etc.

A cet effet nous avons installé l'expérience suivante :

Seize bocaux cylindriques de 112 à 119 millimètres de diamètre intérieur et de 255 millimètres de hauteur ont été remplis de la même terre ; les uns ont été ensemencés de blé, trois autres ont été complantés de jeunes pins de 18 à 20 centimètres de haut, assez touffus[1], dans d'autres enfin la terre était recouverte d'une couche de gravier de 2 à 3 centimètres, avec ou sans blé ; quant aux derniers leur terre ne portait ni végétation, ni pierrailles ; l'expérience fut mise en train le 30 novembre, puis après vissicitudes diverses le blé ayant atteint 3 à 4 centimètres de haut, reprise le 3 janvier.

TABLEAU N° 11

Evaporation du blé, des terres nues, des terres revêtues de gravier, des terres emblavées et engravées par rapport à une surface d'eau

DATES	1 BOCAL à EAU	2 TERRE NUE	3 TERRE et BLÉ	4 TERRE et GRAVIER	5 TERRE NUE	OBSERVATIONS
		714.5	779.5	1063,2	880,7	Quantité d'eau initiale.
3 janvier, 3 h. soir.	2850,0	4133.5	4209,5	4586.2	4360.2	
8 — —	15.3	15.5	15.6	16.0	16.2	Pluie
9 — —	2683,5	4037.5	4040,2	4574.5	4257,5	
Ramené à	2850,0					
12 janvier, 3 h. soir.	2792,0	3992.7	3948.0	4557.7	4204.0	
16 — —	2738.5	3932.0	3816,2	4551.0	4158,0	
Ramené à	2850,0					
20 janvier, 3 h. soir.	2817.2	3903.0	3714.0	4546.0	4111.0	
Ramené à	2850,0					
24 janvier, 3 h. soir.	2753,0	3833.0	3593.0	4334.2	4034.0	
Ramené à	2950.0					
29 janvier, 3 h. soir.	2825,0	3822.0	3540,0	4523,0	3959,0	

DATES	6 TERRE et BLÉ	7 TERRE et GRAVIER	8 TERRE GRAVIER BLÉ	10 TERRE et BLÉ	12 TERRE GRAVIER BLÉ	OBSERVATIONS
	782.5	929,0	1012.6	949.5	998,1	Quantité d'eau initiale.
3 janvier, 3 h. soir.	4304.5	4540.0	4472,0	4421.0	4550,0	
8 — —	16.3	16.4	16,6	16.8	17,4	Pluie.
9 — —	4126.5	4530.5	4355.0	4437,8	4567,4	
12 — —	4026.0	4520,5	4291.0	4152,0	4432.0	
16 — —	3900.2	4509.0	4200,5	4052,0	4368,0	
20 — —	3800.0	4504.0	4132,2	3959,0	4327.2	
24 — —	3700.0	4490.2	4019.0	3830,0	4265,0	
29 — —	3647.0	4480,5	3916.5	3723,0	4192,5	

1. Voir tableau n° 13 pour les pins.

Tableau n° 12

Évaporations totalisées bocal par bocal

DATES	1		2		3		4		5	
	Évaporation entre deux pesées	Évaporation totale	Évaporation entre deux pesées	Évaporation totale	Évaporation entre deux pesées	Évaporation totale	Évaporation entre deux pesées	Évaporation totale	Évaporation entre deux pesées	Évaporation totale
3 au 9 Janvier	81.8	81.8	111.5	111.5	184.9	184.9	27.7	27.7	118.9	118.9
9 — 12 —	58.5	140.3	44.8	156.3	92.2	277.1	16.8	44.5	53.5	172.4
12 — 16 —	53.5	193.8	60.7	217,0	131.8	408.9	6.7	51.2	46 0	218.4
16 — 20 —	58.3	252.1	29,0	246,0	102.2	511.1	5.0	56 2	47.0	265.4
20 — 24 —	107.0	359.1	52.0	298.0	121.0	632.1	11.8	68.0	77,0	342.4
24 — 25 —	125,0	484.1	31,0	329,0	50.0	682.1	12.2	80.2	75.0	417,4

DATES	6		7		8		10		12	
3 au 9 Janvier	194.3	194.3	25.9	25.9	133.6	133.6	195.3	195,3	90,9	90,9
9 — 12 —	100,5	294,8	10.0	35.9	64.0	197.6	90.5	286.8	44.5	135 4
12 — 16 —	135.8	430.6	11.5	47.4	90.5	288.1	100.0	386.8	64.0	199.4
16 — 20 —	89,2	519.8	5.0	52.4	68.3	356.4	93,0	479.8	40.8	240.2
20 — 24 —	111,0	630,8	13.8	66.2	111.2	469.6	122.0	601.8	62.2	302.4
24 — 29 —	53,0	683.8	9.7	75.9	102.5	572.1	107,0	708.2	72,5	404.9

Notons que tous les bocaux avaient été saturés d'eau le 3 janvier.

A l'aide des chiffres ci-dessus ont été tracés les graphiques n°s 11, 12, planche 3. De leur examen résulte : 1° que la terre ensemencée de blé évapore beaucoup plus qu'une surface d'eau, ceci même alors que le blé n'a pas plus de 4 à 6 centimètres de hauteur, *à fortiori* en sera-t-il ainsi lorsqu'il sera plus développé ; 2° que pendant une période de 16 à 21 jours la terre nue, sans végétation, mais préalablement très humide a de même que dans les expériences antérieures évaporé autant qu'une surface d'eau.

Nous avons déjà vu qu'à Saïda, ce n'est qu'en décembre et janvier que l'évaporation ne l'emporte point notablement sur les pluies, que ce sont là les deux mois de beaucoup les plus propices à l'infiltration, précisément en raison de ce que les températures régnantes sont basses, et par suite l'évaporation minime. *Il nous faut donc conclure qu'en général, sauf hiver très pluvieux, les terrains ensemencés en céréales ne sauraient sur les hauts plateaux du Sud Algérien contribuer à l'alimentation des sources.*

Reste à examiner si les terrains boisés sont plus aptes à remplir cette importante fonction.

Nous avons déjà longuement développé cette question dans notre précédente brochure *Eau et Boisement*[1], mais son importance est telle qu'il nous faut la traiter à nouveau et mettre à profit les documents de très haute importance

1. Ruff, libraire, rue Bab-Azoun, Alger.

venus à notre connaissance depuis sa publication. Avant de les relater notons deux essais poursuivis par nous, en vue de mesurer directement l'évaporation de jeunes pins et voir jusqu'à quel état d'assèchement du sol ils peuvent vivre. Nous avons, tout comme pour le blé, installé une série de bocaux : trois avec jeunes pins, deux avec blé et un plein d'eau. Au début de l'expérience, les cinq bocaux avec blé et pins ont été saturés d'eau. Le tableau suivant donne les pesées :

TABLEAU N° 13

Evaporation de jeunes pins et du blé comparativement à une surface d'eau

DATES	13 PIN	14 PIN	15 PIN	16 BLÉ	17 BLÉ	18 EAU	OBSERVATIONS
3 janvier, 3 h. soir.	2226.0	3173.0	3066.5	2889.0	2028.0	2088.0	
8 — —	10.1	10.1	10.1	10.1	10.1	10.1	Pluie.
9 — —	3163.0	3134.0	3007.5	2780.0	2935.0	2019.0	
						2088.0	ramené à 2088.0
12 — —	3120.5	3101.0	2954.0	2732.0	2890.0	2051.8	
16 — —	3052.0	3054.0	2907.0	2673.0	2835.5	2002.0	
						2104.5	ramené à 2104.5
20 — —	3006.2	3025.0	2863.2	2631.0	2800.0	2064.2	
						2088.0	ramené à 2088.0
24 — —	2930.0	2960.5	2794.2	2593.2	2764.2	2016.0	
						2188.0	ramené à 2188.0
29 — —	2851.0	2897.7	2734.0	2563.0	2741.0	2084.0	
31 — —	2830.0	2882.0	2738.0	2560.0	2735.5	2041.0	
4 février. —	2806.0	2833.0	2698.0	2546.5	2724.0	1990.0	
						2088.0	ramené à 2088.0
9 — —	2781.5	2805.5	2672.2	2540.5	2717.0	2046.2	

Ces chiffres ont servi à calculer le tableau ci-dessous relatif aux évaporations totalisées.

TABLEAU N° 14

DATES	13		14		15		16		17		18	
	Évaporation entre deux pesées	Évaporation totale	Évaporation entre deux pesées	Évaporation totale	Évaporation entre deux pesées	Évaporation totale	Évaporation entre deux pesées	Évaporation totale	Évaporation entre deux pesées	Évaporation totale	Évaporation entre deux pesées	Évaporation totale
3 au 9 Janvier	73.1	73.1	49.1	49.1	69.1	69.1	119.1	119.1	103.1	103.1	79.1	79.1
9 — 12 —	42.5	115.6	33.0	82.1	53,5	122.6	48.0	167.1	45,0	148.1	36.5	115.6
12 — 16 —	68.5	184.1	47.0	129.1	47.0	169.6	59.0	226.1	54.5	202.6	49.5	165.2
16 — 20 —	45.8	229.9	29.0	158.1	43.8	213.4	42.1	262.2	35.5	238.1	40.3	205.6
20 — 24 —	76,2	306.1	64.5	222.6	69,0	282.4	37.8	306.0	35.8	273.9	72.0	277.6
24 — 29 —	79,0	385.1	62.8	284.4	60,2	324.6	28.2	334.2	23.2	297.1	104.0	381,6
29 — 31 —	»	»	»	»	»	»	»	»	»	»	»	»
31 — 4 Février	44,0	429.1	49.0	334.4	40.0	382.6	13,5	347.7	11.5	308.6	51,0	432,6
4 — 9 —	24,5	453,6	27.5	361.1	22.8	405,4	6.0	353.7	7,0	315,6	41,8	474,4

Ici encore le blé (vases 16 et 17), a évaporé sensiblement plus qu'une surface d'eau (période du 3 au 24 janvier), puis après avoir asséché les bocaux il s'est flétri et l'évaporation est devenue de plus en plus petite, de plus en plus inférieure à celle du bocal à eau. Une pluie survenue inopinément le 30 janvier avant que les bocaux aient pu être recouverts de leur vitrage a perturbé toutes les pesées. Elle s'est distribuée très irrégulièrement d'un bocal à l'autre en raison de la présence des pins, et c'est pourquoi il n'a point été tenu compte des gains et des pertes du 29 au 31 janvier.

L'évaporation des bocaux avec pins a été au début un peu supérieure à celle du bocal à eau, mais comme les terres saturées évaporent pendant deux et trois semaines, autant qu'une surface d'eau, il nous faut conclure que la transpiration a été faible. Les écarts des variations de poids de 13, 14, 15 démontrent cependant que cette transpiration est loin d'être négligeable même en plein hiver.

Il nous a paru utile pour élucider cette question de procéder à un autre essai plus susceptible de donner lieu à des conclusions nettes.

Le 13 février, le bocal n° 13 a reçu en couverture 270 grammes de graviers, les deux autres bocaux avec pins 14 et 15 ont tout d'abord été arrosés jusqu'à saturation puis ont reçu ce même revêtement de pierraille. Les bocaux 15 et 16 ont été expurgés du blé flétri et de la terre asséchée qu'ils renfermaient puis remplis de terre nouvelle que l'on a saturée d'eau et recouverte de 270 grammes de graviers. Il devient, ainsi possible, tous les cinq bocaux étant uniformément couverts de pierraille, de mesurer l'évaporation réelle des pins en terre sèche et en terre très humide et de la comparer à celle du bocal à eau. Pour ce, on déduira des chiffres des bocaux 14 et 15 l'évaporation moyenne de 16 et 17. Les différences représenteront exclusivement la transpiration des pins toute évaporation du sol déduite ; notons que ces pins n'ont que 0,18 à 0,20 de hauteur mais sont assez fournis en ramure. Leur chapeau a environ 0,15 à 0,18 de diamètre.

Le tableau suivant donne les pesées effectuées.

Tableau n° 15

Evaporation des Pins

DATES 1907	PINS			TERRE SANS VÉGÉTATION		18	
	13 Gravier terre non saturée	14 Gravier terre saturée	15 Gravier terre saturée	16 Gravier terre saturée	17 Gravier terre saturée	BOCAL PLEIN D'EAU	
13 février 8 h. mat.	2962,0	3436,0	3350.0	3178,0	3301.0	2088,0	
14 — —	2959.0	3416,0	3327,0	3160,0	3283,0	2072,0	
16 — —	2953,0	3410,5	3318.0	3156,0	3279.5	2060.5	
19 — —	2939,5	3396,0	3292,0	3145.0	3271.0	2017,0	
24 — —	2924,5	3386,0	3254,0	3130,0	3260.0	1926,0	
24 — 9 h. —						2088,0	ramené à 2[illegible]
2 mars 8 h. —	2907,0	2355.0	3203,5	3106.0	3242,0	2000,0	
9 — — —	2897.5	3321,0	3146,0	3076.0	3213,0	1912,0	
						2088.0	ramené à 2[illegible]
14 — — —	2888,5	3293,0	3089.0	3046,0	3185,5	1942,0	

Évaporation des pins (*suite*)

DATES 1907	13		14		15		16		17		18	
	ÉVAPORATION par période	ÉVAPORATION totale	ÉVAPORATION par période	ÉVAPORATION totale	ÉVAPORATION par période	ÉVAPORATION totale	ÉVAPORATION par période	ÉVAPORATION totale	ÉVAPORATION par période	ÉVAPORATION totale	ÉVAPORATION par période	ÉVAPORATION totale
-14 février.	3.0	3,0	20.0	20.0	23.0	23.0	18.0	18.0	18.0	18 0	16.0	16.0
-16 —	6.0	9.0	5.5	25.5	9.0	32.0	4.0	22.0	3.5	21.5	11.5	27.5
-19 —	13.5	22.5	14,5	40.0	26,0	58.0	11.0	33.0	8.5	30.0	43,5	71.0
-24 —	15.0	37.5	10,0	50,0	38.0	96.0	15.0	48.0	11.0	41.0	91.0	162,0
février au 2 mars	17.5	55.0	31,0	81.0	50.5	146.5	24.0	72.0	18.0	59.0	88.0	250.0
— 14 —	9 0	64,0	28.0	109.0	57.0	203.5	30.5	102 5	27,5	86.5	146,0	396,0

De ces chiffres résulte que, bien que leur ramure couvre une surface 2 à 3 fois plus grande, l'évaporation de ces petits pins est bien moindre que celle du blé et que celle d'une surface d'eau. Pour le plus vigoureux des trois, celui du bocal n° 15, la transpiration a été en un mois d'hiver 203 gr. 5 — 1/2 (102,5 + 86,5) soit 109 grammes ; tandis que le bocal à eau, en ce même laps de temps, a perdu 407 gr. 5, soit près de quatre fois plus. Il ne faudrait point cependant en conclure que l'évaporation d'un beau massif de pins s'élevant à 5, 10, 15 mètres au-dessus du sol, s'étalant à divers niveaux, en frondaisons bien développées, sera relativement faible ; nous verrons qu'il n'en est rien, que tout au contraire ce résineux assèche à fond le sol. Mais dans les essais sous forêt on mesure la résultante des multiples actions en jeu. Il nous avait paru intéressant de rechercher si, en dehors de la perte de 50 pour 100 sur les pluies que la retenue par le feuillage occasionne, la transpiration était même en hiver très active, nous venons de constater qu'avec des pins de 18 à 20 centimètres de haut elle est bien moindre qu'avec du blé de 4 à 6 centimètres.

Rusticité de jeunes pins.

Ce même essai nous a permis de voir que nos jeunes pins continuaient à vivre dans un terrain ne renfermant pas plus de 4,5 pour 100 d'humidité, telle est en effet le degré d'hydratation du bocal n° 13 dont le pin n'est pas encore trop souffreteux.

L'on a tendance à croire que les arbres qui résistent en terrains arides ne sauraient nuire à l'alimentation des sources.

Nous sommes d'un avis tout différent. Ce sont au contraire ceux-là qui amènent le sous-sol à son plus grand état d'assèchement, précisément en raison de leur rusticité.

Dans nos bocaux le blé s'est flétri dès que la teneur en eau a été voisine de 11 pour 100. Le jeune blé ne peut donc épuiser le sol aussi complètement que les jeunes pins.

Diverses raisons nous ont déterminé à faire porter plus particulièrement nos investigations sur cette essence.

En Algérie elle est la plus répandue de toutes, et couvre à elle seule 570,000 hectares, soit plus du tiers de la surface totale de nos forêts, laquelle est de 1,535,000 hectares, d'après la notice publiée par le Gouvernement Général en 1906, lors de l'Exposition coloniale de Marseille.

Elle caractérise avec le thuya, le chêne-vert, les région peu pluvieuses et s'avance très loin dans le Sud. C'est à elle qu'on est tout naturellement porté à s'adresser en raison de sa rusticité, de la rapidité de sa végétation, de l'ombrage permanent et assez touffu qu'elle donne, dans les projets d'extension de boisement. Extension qui, ne l'oublions pas, a pour objet essentiel, non de fournir des bois d'œuvre et de chauffage, pour satisfaire aux besoins des populations riveraines, ce qui serait assez judicieux ; mais bien, ainsi que le démontre la protection vigilante des broussailles : l'accroissement des sources ! Il conviendrait pensons-nous de boiser exclusivement en vue de la production de bois ayant quelque valeur vénale et d'exclure les résineux là où le terrain le permet. Ils sont trop faciles à incendier ; en quelques heures on perd le fruit de vingt ans de surveillance ainsi que nous en avons fait la triste épreuve cette année, et, d'autre part, le prélèvement que leur feuillage exerce sur la pluie est par trop énorme.

Assèchement du sol par les forêts.

Rappelons que Risler, ayant prélevé des échantillons à 40, 48 centimètres de profondeur sous des bois âgés de 20 à 40 ans et d'autre part sous des terres de labour, trouva que l'humidité variait de 4, 5 à 7.5 pour 100 dans le premier cas et était de 17 pour 100 dans les terres de labour. Nous avons déjà au cours de cette étude indiqué quelle quantité d'eau infiltrée Ebermayer constata sous terre nue et sous bois, et vu que l'infiltration était minimum sous bois.

Il est connu, de tous, que c'est grâce aux boisements qu'ont été asséchés d'immenses surfaces marécageuses dans les Landes, en Sologne, en Algérie, en Italie (marais Pontins), aux Indes, etc. Il ne s'agit plus là d'expériences de laboratoire, mais bien d'un phénomène d'ordre général qui aurait dû depuis longtemps inciter les esprits avisés à conclure que peut-être bien n'était-ce point en tous climats à l'extension des boisements qu'il fallait demander l'amélioration du régime des sources. Il n'en a rien été ; nous avons importé en Algérie cette théorie décevante et, grâce à elle, nulles jusqu'ici ont été les améliorations réalisées dans notre hydrologie ; l'effort a porté exclusivement sur le forage des puits artésiens.

Utilité d'une enquête sur l'influence réelle des forêts sur les sources.

Fermement convaincu que, seule, une enquête approfondie sur l'influence réelle des forêts permettrait de libérer les esprits d'un préjugé qui empêche tout progrès, toute amélioration du régime éminemment défectueux de nos oueds, nous avons, le 11 octobre 1905, adressé à M. le Gouverneur Général la lettre suivante :

Ténès, le 11 octobre 1905.

Monsieur le Gouverneur Général de l'Algérie.

J'ai déjà eu l'honneur[1] d'appeler votre haute attention sur la possibilité d'accroître considérablement la production de nos montagnes et de nos vallées, en eau de source, en alimentant copieusement, pendant l'hiver, quelques terrains convenablement choisis en chaque localité.

Comme suite à ces communications, je vous adresse ce jour ma brochure *Eau et Boisement* et viens vous prier de vouloir bien en prendre connaissance.

Il importe beaucoup aux progrès de la Colonie qu'il soit établi d'une façon certaine si, ainsi qu'on le pense assez généralement, l'accroissement des boisements améliorera spontanément le régime de nos sources, ou si, ainsi que j'en ai la profonde conviction, ce résultat ne peut être obtenu dans les régions peu pluvieuses, c'est-à-dire, dans le cas actuel, sur la majeure partie du territoire de l'Algérie et de la Tunisie, qu'en dérivant partie des eaux de ruissellement d'hiver sur les terrains perméables des montagnes, sur les graviers et les sables de nos vallées.

Pour résoudre la question à bref délai il suffit de recourir aux deux moyens suivants qu'il dépend de vous de faire mettre à application sans grande dépense :

1° Prélèvement à un mètre de profondeur, par une commission compétente, en diverses saisons de multiples échantillons de terre sous forêts, sous terres de labour, sous terres incultes ;

Détermination de leur humidité :

Comparaison des teneurs en eau, des échantillons prélevés le même jour, en des points très voisins, similaires comme exposition, pente, nature du sol et ne différant que par la nature du couvert ou son absence.

Ceci permettrait de décider sûrement si, en régions sèches, les forêts ont tendance à alimenter les sources ou à les assécher.

2° Suralimentation en eau, pendant l'hiver, de quelques parcelles de terrains perméables à sous-sol imperméable d'un hectare chaque environ.

Ceci permettrait de s'assurer si, ainsi que j'en ai la profonde conviction, conviction basée à la fois sur le sens commun et sur les deux applications que j'ai faites à nos fermes de Maïnis et le Cap-Khala, on réussira très fréquemment à faire naître une source là où jamais il n'en exista.

En ce même mois d'octobre, en même temps que j'adressais aux rédacteurs en chef des principaux journaux de la Colonie ma brochure *Eau et Boisement*, je leur écrivais ceci :

Sur la majeure partie du territoire algérien, les progrès de la colonisation sont intimement liés à l'accroissement des débits d'été des sources et cours d'eau et il importe que ces accroissements soient obtenus à bref délai, aussi est-il utile d'examiner cette question.

C'est à l'arbre que, de notre propre autorité et sans le consulter, nous avons jusqu'ici dévolu le soin exclusif d'améliorer le régime de nos eaux courantes, tout l'effort administratif s'est porté sur des remaniements du Code forestier : et comptant sur un avenir meilleur nous laissons bénévolement, sauf en quelques rares points, toutes les eaux de ruissellement de la saison pluvieuse se jeter spontanément à la mer ou dans les chotts.

Les résultats de cette méthode étant peu apparents, il y a lieu semble-t-il de s'assurer si vraiment l'arbre peut remplir la fonction importante dont nous l'avons investi, et c'est pourquoi je demande à l'administration supérieure de nommer une commission ayant pour mission de prélever de multiples échantillons de terrain sous forêts, sous terres de labour, sous terres incultes à une profondeur d'un mètre et d'en déterminer l'humidité.

1. Lettres des 28 novembre 1900 ; 17 décembre 1901 ; 30 juin 1903.

La comparaison des teneurs en eau des échantillons prélevés le même jour, en diverses saisons, en des points très voisins sur des terrains identiques comme exposition, pente, composition et ne différant que par la nature de la végétation ou son absence, permettra de décider sûrement si, ainsi qu'on le croit généralement, l'arbre a tendance, même en régions sèches et quelles que soient l'inclinaison et la compacité du sol, à faciliter l'alimentation des sources, ou si tout au contraire, notamment en régions sèches, il a tendance à les tarir.

J'aime à croire que tous les Algériens vraiment soucieux des progrès de la Colonie se joindront à moi pour appuyer cette demande d'enquête.

En même temps qu'on la poursuivra il serait sûrement utile de suralimenter avec les eaux de ruissellement d'hiver quelques parcelles de terrains perméables à sous-sols imperméables convenablement choisis, ainsi que nous l'avons fait nous-même avec succès au cap Khala et à Maïnis, près Ténès, en vue de créer une source et d'alimenter un puits à noria.

L'enquête terminée et les résultats de ces essais constatés, ce qui nécessiterait tout au plus un délai de deux ans et n'entraînerait pas une grande dépense, l'œuvre d'amélioration progressive de nos oueds pourrait être abordée en s'étayant sur des bases moins incertaines que les conceptions *a priori* qui nous ont seules guidé jusqu'à ce jour.

D'ores et déjà, il ne paraît pas téméraire de pronostiquer qu'en raison même de l'activité de l'évaporation, de l'imperméabilité de beaucoup de terrains, l'on arrivera à reconnaître que, dans les régions peu pluvieuses tout au moins, la forêt ne saurait contribuer efficacement à l'alimentation des sources, que le plus souvent elle les tarit ; qu'il est indispensable de recourir à *des moyens plus énergiques et plus localisés*, qu'il faut dériver sur les affleurements perméables convenablement choisis de très grandes quantités d'eau, et les contraindre à pénétrer rapidement dans les profondeurs du sol pour les soustraire à l'évaporation, et assurer ainsi l'alimentation copieuse des nappes aquifères, même en année de sécheresse, pour peu qu'elle ait quelques pluies d'orage.

S'inspirant sans doute des mêmes sentiments de libéralisme qui avaient entraîné le bureau du Congrès des Colons, tenu à Alger en 1905, à refuser d'insérer ma communication orale et mon mémoire *Eau et Boisement* dans le compte rendu du Congrès, la plus répandue de nos gazettes algéroises *la Dépêche Algérienne*, malgré mes instances, ne voulut point consentir à publier cette demande d'enquête.

Le premier devoir de notre presse coloniale paraîtrait cependant devoir être d'accorder une large hospitalité aux opinions indépendantes lorsqu'elles sont le fruit d'une étude persévérante et de bonne foi, surtout alors qu'elles vont à l'encontre de l'opinion régnante, et qu'elles peuvent exercer une heureuse influence sur les progrès de la colonisation de notre empire nord-africain.

C'est ainsi d'ailleurs que le comprirent *la Dépêche Tunisienne*, *les Nouvelles*, *le Bulletin Agricole*, de MM. Trabut et Marès, etc., et nous tenons à les féliciter de l'indépendance dont ils firent preuve.

Les Annales Africaines, de M. Mallebay, firent mieux encore, et nous nous faisons un devoir de remercier M. Rivière, ancien président de la *Société d'Agriculture d'Alger*, d'avoir soulevé énergiquement le débat sur ces questions.

Désireux de savoir si l'administration avait pris en considération ma demande, après un an écoulé, je me rendis à Alger et me mis en rapport avec M. le Directeur du service forestier. Il me répondit que l'on ne disposait point du crédit nécessaire pour constituer une commission technique ; mais que néanmoins, vu l'intérêt que présentait la question, l'administration ferait sans doute procéder à cette enquête par ses propres moyens à l'aide de son personnel, ce qui, tous frais de déplacement étant évités, permettrait de la mener à bien sans grandes dépenses.

Nous aimons à espérer qu'elle sera poursuivie activement et que ses résultats seront communiqués au public. Elle s'impose impérieusement, l'on n'en saurait plus douter, après lecture de la brochure que vient de faire paraître M. E. Henry, professeur à l'Ecole forestière de Nancy, brochure de laquelle résulte que, contrairement à ce que pensaient les forestiers du monde entier, les forêts de plaine abaissent le niveau des eaux phréatiques ; or, c'est grâce à l'enquête poursuivie depuis dix ans déjà par un savant russe, M. Ototzky, que ce fait de haute importance que nous ignorions a été établi. Nous ne saurions mieux faire que de donner un extrait textuel et copieux mais souligné par nous de l'étude *Forêts et Pluies* que son auteur M. E. Henry a eu l'extrême amabilité de nous adresser :

Forêts et Pluies

Dans les plaines des latitudes moyennes, la forêt abaisse le niveau des eaux phréatiques

Jusqu'en 1898, époque où furent connus dans l'Europe occidentale *les résultats si imprévus* constatés en 1895 par M. Ototzky dans les forêts qui occupent la région méridionale des Terres-Noires (tchernozem) de Russie (gouvernements de Voronèje, Kherson, Saratof), on croyait que, dans les régions de plaine où la nappe souterraine est absolument stagnante, où il n'y a pas de ruissellement, la forêt jouait vis-à-vis des eaux qui s'emmagasinent dans les cavités du sol, le même rôle que dans les pays accidentés, que dans les montagnes. Il est reconnu depuis longtemps, il a été constaté mille fois que la forêt, placée dans ces conditions (installée sur des pentes, où l'eau des pluies ruissellerait si le sol était nu, où les eaux d'infiltration coulent sur une couche imperméable plus ou moins inclinée), supprime tout ruissellement et, par suite, augmente et prolonge le débit des sources, en même temps qu'elle met obstacle aux crues rapides et violentes.

Or, les nombreux sondages exécutés sur le bord sud de la région appelée en Russie « steppe à forêt », ont permis à M. Ototzky de formuler la conclusion suivante : « Il résulte de l'ensemble des faits observés dans les forêts et steppes de la Russie méridionale que, toutes conditions physico-géographiques égales, *le niveau des eaux phréatiques dans les forêts de la zone des steppes est plus bas que dans la steppe adjacente* ou qu'en général dans un espace libre voisin. La dépression du niveau est plus accusée sous les vieux massifs que sous les jeunes peuplements ».

Sous la forêt, le plan d'eau se trouve, dans la saison de végétation, *à 4 ou 5 mètres* plus bas que sous la steppe ou sous les champs.

Mais, si dans toute cette région du sud de la Russie, où les pluies sont peu abondantes, où la chaleur et l'évaporation sont assez fortes, la végétation forestière abaisse si profondément le niveau des eaux phréatiques, exerce-t-elle la même action dans les régions septentrionales, aux environs de Saint-Pétersbourg, par exemple, à 10° de latitude plus au Nord, où le climat est plus froid, plus humide et l'évaporation moindre ?

C'est le point que la mission Ototzki a voulu vérifier dans sa campagne de 1897, et voici sa conclusion :

« Malgré d'autres conditions physico-géographiques et climatériques (eaux souterraines abondantes et rapprochées de la surface, climat froid et très humide, etc.), dans les forêts de la zone septentrionale de la Russie, j'ai rencontré le même fait que dans les steppes ; *partout dans les forêts étudiées, le premier horizon des eaux souterraines se trouve plus bas que dans le champ voisin* ».

Il semble donc qu'on se trouve en présence d'un fait général pour la Russie, à condition, cela va de soi, qu'on opère dans des sols de composition minéralogique identique et dont les diverses couches sont horizontales, ce qui entraîne l'immobilité des eaux souterraines.

Ces résultats étaient tellement en opposition avec les idées régnantes qu'il était urgent de les vérifier et de voir si des conditions climatériques différentes, notamment une bien plus forte pluviosité, n'arriveraient pas à modifier, voire à inverser les rapports obtenus en Russie. Le 1er juillet 1899, M. Daubrée, directeur général de l'Administration des Eaux et Forêts, voulut bien, sur ma demande, accorder à l'École forestière un crédit pour recherches relatives à l'influence des forêts sur les eaux souterraines dans le Nord-Est de la France où la tranche pluviale est environ trois fois plus épaisse que celle qui tombe sur les gouvernements de Voroney et de Kherson.

La forêt domaniale de Mondon, près Lunéville (Meurthe-et-Moselle), fut choisie pour ces recherches parce qu'elle réalise assez bien les conditions exigées.

Les observations faites sans interruption du 4 mai 1900 au 24 août 1902, pendant 28 mois sur 8 sondages accouplés, forés au hasard, soit sous le massif, soit dans les terrains nus avoisinants, ont établi *que le niveau des eaux souterraines est, en toutes saisons, de 3 décimètres au moins plus bas sous bois que hors bois.*

Ainsi sous un climat où la pluviosité est beaucoup plus forte qu'à Saint-Pétersbourg (il tombe 80 centimètres d'eau à Mondon et seulement 45 à 50 centimètres à Saint-Pétersbourg), la remarquable puissance d'évaporation de la forêt se fait encore nettement sentir par l'abaissement du plan d'eau du sol.

Simultanément M. Tolsky faisait des observations dans la forêt de Partino près Staraïa-Russa (gouvernement de Novgorod), où se trouve une école forestière. En terminant, dit l'auteur, ce court aperçu de nos observations faites sur le niveau des eaux phreatiques durant cinq mois d'été et cinq mois d'hiver (novembre 1901, octobre 1902), *on est forcé de conclure que le niveau de l'eau souterraine est en forêt plus bas que dans la coupe exploitée*, en été comme en hiver, et que les oscillations sont moins grandes en forêt.

Enfin M. Ototzky, continuant avec ténacité ses recherches sur ce point si important, publie en ce moment en langue russe un ouvrage qui a pour titre : *Les Eaux souterraines, leur origine, leur régime et leur distribution* ; dont la 2e partie : *Les Eaux souterraines et les Forêts principalement dans les plaines des latitudes moyennes*, vient de paraître.

Dans le premier chapitre, il expose entre autres choses, le résultat de ses sondages exécutés dans les Landes de Gascogne, en octobre 1902, à l'intérieur du périmètre limité par les communes de Morceux, Arengosse, Luglon et Sabres. Comme dans ses recherches en Russie, il fora une chaîne de puits et les relia par un nivellement allant de la forêt à des endroits découverts. *Partout M. Ototzky a constaté l'abaissement de la nappe phréatique sous les peuplements de pins maritimes.* Son livre donne le croquis de trois chaînes de sondages dans lesquelles la dépression a été de 0,70, de 0,96 et de 1 mètre. La profondeur des puits ne dépassait pas 1 m. 50, la nappe souterraine était donc très près de la surface.

Ce sont les derniers résultats publiés. Dès lors, il y aurait déjà en Europe quatre régions de plaine a nappe absolument stagnante et immobile (il ne s'agit que de celles-là), où la forêt abaisserait le niveau de l'eau des puits.

Ces quatre régions différentes par la latitude, la pluviosité, la constitution des forêts sont :

	Latitude	Pluviosité	Forêts
Sud de la Russie.........	49° à 51°	30 centimètres	feuillues.
Nord de la Russie........	58° à 60°	45 à 50 cent.	résineuses.
Plaine Lorraine...... ...	48°	80 centimètres	feuillues.
Landes de Gascogne	44°	80 à 100 cent.	résineuses.

Abaissement sous forêts de plaines du niveau des eaux phréatiques.

Ainsi qu'on le voit, partout où l'on a interrogé directement la forêt en en sondant le sous-sol, elle a répondu nettement que, contrairement à l'opinion qu'on s'était faite en s'étayant de raisonnements qui ne tenaient point un compte exact de la valeur relative de chacune des influences multiples qu'exerce la forêt, la résultante finale de toutes ses actions est un plus grand assèchement du sol, sous forêt que sous terre nue, ou sous terre de culture, tant au nord qu'au sud de la Russie, au nord-est ou au sud-ouest de la France et enfin aux Indes.

Après avoir dit quel puissant intérêt s'attache à la multiplication en divers lieux de ces expériences, M. Henry conclut que si les observations donnent des résultats concordants, il en résultera « une éclatante démonstration du rôle certainement le plus utile que joue la forêt de plaine dans le cadre de ses services indirects, c'est-à-dire de son rôle dans l'assèchement des marécages, l'assainissement des régions trop humides et malsaines. »

Grande consommation d'eau des forêts.

Pour préciser quelle est l'importance des prélèvements en eau par la forêt, il dit, page 13 :

Les seuls résultats que l'on puisse citer à cet égard sont dus à un savant autrichien, le Dr Franz. R. Von Ho honel qui a continué ses déterminations pendant trois ans consécutifs (1878-1880) et a trouvé qu'un hectare de forêt de hêtres de 115 ans absorbait chaque jour de 25.000 à 30.000 litres d'eau, ce qui correspond à une hauteur de pluie de 2.5 à 3 millimètres par jour ou à 75 à 100 millimètres par mois. En supposant 5 mois de végétation, on obtient une consommation de 4.500 mètres cubes correspondant à une lame d'eau de 45 centimètres. Pendant les sept mois que dure, dans nos régions de plaine, le repos de la végétation, il est bien évident qu'une portion notable des précipitations (pluie, neige, givre) est retenue par la ramure des arbres et du sous-bois et retourne dans l'atmosphère sans arriver au sol et doit s'ajouter aux 45 centimètres évaporés pendant la saison de végétation.

L'on voit par là combien est grande la consommation d'eau due aux forêts et combien il importe de prendre cet élément en très sérieuse considération, notamment dans les régions où l'évaporation est dix, vingt fois plus considérable que la pluie.

Insuffisance des pluies en régions arides pour saturer la capacité d'imbibition des sous-sols asséchés par les forêts.

Voyons maintenant comment M. le professeur Henry concilie ces deux faits antagonistes de — l'accroissement des sources en montagne par les sols forestiers — malgré la grande dépense des arbres (page 21).

Plusieurs raisons de grande valeur peuvent être invoquées pour expliquer ce fait reconnu par tous que la forêt augmente et prolonge le débit des sources à bassin profond, tandis qu'elle tarit au contraire les suintements superficiels. Nous n'en citerons que deux qui sont probablement les plus importantes et les plus générales.

1° Dans les forêts munies de leur humus, de leur couverture morte, tout ruissellement, même sur les fortes pentes est supprimé. Or, cette fraction de ruissellement est très élevée dans les périodes de grande pluie ou de fonte brusque des neiges. H. Imbeaux l'a trouvée supérieure au tiers de la pluie tombée pour trois crues de la Durance. M. Laude, pour le Danube à Vienne a trouvé un chiffre supérieur encore, 42 pour 100.

Supposons une grande averse d'orage donnant 1 millimètre par minute et durant une demi heure. Sur les 30 millimètres ou autrement dit sur les 300 mètres cubes ainsi déversés sur 1 hectare de terrain quelque peu perméable, en pente raide, le tiers au moins, soit 100 mètres cubes par hectares, arriveront doucement sur le sol muni de sa couverture morte, l'imbiberont jusqu'à saturation et s'infiltreront lentement jusqu'à la couche imperméable où ils contribueront à augmenter la provision d'eau souterraine dont l'excès s'écoulera par les sources.

Si ce versant eût été nu, ou même gazonné, presque toute l'eau de l'averse se fût précipitée dans le thalweg sans profit pour le sol et pour l approvisionnement souterrain, mais en provoquant une crue subite et désastreuse. Ces faits sont tellement connus, leur récit en a été fait si souvent qu'il est inutile d'insister.

Cela n'empêchera pas que, quelques jours après, le sol de la forêt, pris à 40 centimètres par exemple, sera plus sec que la même zone du sol voisin, de pente et de composition identiques, parce que les racines des arbres auront activement fonctionné, si la pluie survient pendant la saison de végétation.

A cela nous répondrons qu'en ce qui concerne les forêts d'Algérie, tout au moins, les raisons données par cet auteur sont absolument inapplicables.

En premier lieu, 100 mètres cubes d'eau par hectare n'imbiberont à saturation qu'une couche d'humus de 21 millimètres d'épaisseur. A 4 ou 5 centimètres de profondeur la terre restera absolument sèche, pas une goutte d'eau ne saurait pénétrer plus bas avec si peu de pluie et, la reprise par l'atmosphère s'exerçant immédiatement, ce faible contingent d'eau disparaîtra en quelques jours.

C'est seulement après toute une série de pluies copieuses et pas trop espacées les unes des autres que l'eau peut s'infiltrer à quelque profondeur. L'auteur admet ici implicitement que tout le massif de terre sous-jacent jusqu'au niveau des racines profondes *était préalablement saturé ;* or, cette hypothèse est absolument inadmissible. Il est irrévocablement établi par Risler, par Ebermayer, par Ototzky, par Tolsky, etc., que nulle part le sous-sol n'est aussi sec que sous une vieille forêt ; que là, la teneur en humidité descend à 4 et 3 pour 100. Dès lors, avant qu'il y ait infiltration profonde, il faut tout d'abord satisfaire la capacité de retenue de toute la couche de terrain comprise entre la surface du sol et la couche limite où descendent les racines. En région pluvieuse, le niveau phréatique peut n'être qu'à 1 mètre de profondeur, et les racines ne pas descendre plus bas. En région peu pluvieuse Ototzky a reconnu que ce niveau phréatique pouvait être abaissé de 4 à 5 mètres par la succion des racines. *C'est la capacité de retenue de cette couche de 4 à 5 mètres qu'il faut en réalité tout d'abord satisfaire avant qu'une seule goutte d'eau puisse aller aux sources.*

Mais point n'est besoin d'envisager le cas d'un assèchement de plusieurs mètres de profondeur, quoique à vrai dire sur les Hauts-Plateaux du Sud algérien, lesquels sont tout particulièrement visés par notre étude, la situation soit bien plus grave que dans le sud de la Russie. Le premier plan d'eau souterrain ou niveau phréatique étant beaucoup plus bas, le soleil plus ardent, l'atmosphère plus aride.

Pour éviter toute critique, plaçons-nous dans le cas le plus favorable aux forêts, appliquons le calcul à une couche de terrain de 1 mètre d'épaisseur, seulement, comprenant 5 centimètres d'humus ou terreau et 95 centimètres de terre franche ordinaire, analogue à celle sur laquelle ont porté nos expériences d'imbibition à Maïnis.

Supposons qu'en fin d'été, malgré les quatre à cinq mois de sécheresse traversés, le terrain sous forêt ne soit pas plus sec qu'en Europe, qu'il renferme encore 4 à 5 pour 100 d'humidité.

Pour passer de 5 pour 100 à 45 pour 100 d'humidité, c'est-à-dire satisfaire sa capacité de retenue en volume, la couche d'humus va absorber 0,05 (0,45—0,05), ci 0 m. 02 d'eau et les 95 centimètres de terre 0,95 (0,37—0,05), ci 0 m. 30, soit au total une lame d'eau de 32 centimètres. A cette hauteur d'eau il nous faut ajouter celle correspondant à la retenue que le feuillage exerce sur les pluies, soit pour les résineux 50 pour 100.

Sur les Hauts-Plateaux il tombe en moyenne 0 m. 400 d'eau, supposons une année très pluvieuse et que les pluies atteignent 0 m. 64, cas malheureusement exceptionnel. Le feuillage va prélever 0,32 d'eau, il n'arrivera au sol que 0 m. 32, soit tout juste de quoi saturer la capacité de retenue de notre couche de 1 mètre d'épaisseur, et pas une goutte d'eau n'ira aux sources.

Nous supposons là une année excessivement pluvieuse, nous négligeons l'évaporation du sol, nous supposons tout ruissellement évité, nous admettons que les racines n'ont asséché au 5 pour 100 au cours de leur période de végétation qu'une couche de 1 mètre, alors qu'il est bien certain qu'en pays sec elles descendent à plusieurs mètres, et cependant nous arrivons à établir d'une façon indubitable que pas une goutte d'eau n'ira contribuer à l'alimentation des nappes souterraines. Ainsi qu'on le voit, dans les climats arides, les forêts de résineux implantés sur terre végétale sont les agents essentiels du tarissement des sources, contrairement à ce que l'on a enseigné jusqu'ici.

Les considérations ci-dessus visent, répétons-le avec force, les forêts de pins, en climat peu pluvieux et chaud; tout autre pourrait être le résultat donné par une forêt d'essences à feuilles caduques, en climat septentrional ou même aux hautes altitudes des pays chauds.

Si la période de repos de la végétation est de longue durée, si l'atmosphère est glaciale pendant plusieurs mois, le soutirage immédiat des pluies d'hiver par les racines, n'existe point, l'évaporation du sol est très faible et, en l'absence de tout feuillage, la retenue par les troncs, par les branches est bien moindre; toutes les conditions se trouvent donc modifiées. A des pluies d'intensité égale sur résineux ou sur forêt à feuilles caduques correspondra, dans le second cas, une lame d'eau arrivant au sol d'épaisseur presque double, donnant par suite lieu à une infiltration quasi double de ce seul chef.

A ces considérations s'en ajoutent plusieurs autres. Alors qu'en Algérie les pluies d'été sont pour ainsi dire nulles, tout au contraire dans l'Europe septentrionale ces pluies d'été l'emportent sur celles d'hiver, le sous-sol est donc moins asséché en octobre. Enfin l'activité de végétation de nos forêts algériennes est autrement grande, tant que le sol est humide, que celle des forêts d'Europe et par suite il en est de même de leur consommation en eau. « *Cette influence de la chaleur est tellement sensible que les chênes de Provence font*, comme l'a signalé Duhamel, *plus de bois en trois ans, que ceux du centre de la France en huit ans.* »[1]

1. Adolphe Dupont et Bouquet de la Grye, *Les Bois indigènes et étrangers*, p. 98.

Finalement tous les éléments de la question étant profondément modifiés, la résultante pourra l'être également. Il se peut donc que, malgré leur grande consommation d'eau, les essences à feuilles caduques du Nord, situées sur les versants des montagnes, contribuent à l'alimentation des sources, alors que très sûrement les résineux en Algérie ne peuvent que les empêcher de naître, puisque même en terrain plat, là où tout ruissellement est évité, ils assèchent le sol à tel point que toutes les précipitations atmosphériques d'une année très pluvieuse ne peuvent saturer le premier mètre de terrain. Nous avons envisagé jusqu'ici tout particulièrement les précipitations atmosphériques sous forme de pluie, il importe de voir ce qui se passera dans les pays de neige.

Ainsi que le fait très justement remarquer M. Henry, sa fusion est très sensiblement ralentie sous forêt, la durée du contact des eaux de fusion avec la terre se trouve prolongée, le ruissellement diminué, l'infiltration accrue, d'où un gain possible pour les sources. Il importe donc avant de présager quelle sera l'action d'un boisement de prendre en très sérieuse considération tous les éléments de la question. Il faut distinguer soigneusement les forêts résineuses des forêts à feuilles caduques, les boisements des montagnes peu élevées des régions chaudes des boisements des hautes montagnes des pays froids à neige fréquente et, comprendre dans une catégorie spéciale les forêts des très hautes cimes. Ce n'est que lorsque l'on aura poussé assez loin cette étude que sera expliqué pourquoi en tel cas même dans l'Europe septentrionale, en telle localité, des sources ont disparu après déboisement et pourquoi en telle autre la déforestation en a fait naître de nouvelles.

Nombreux sont, même en Europe, les exemples de ce dernier cas, et ce de l'aveu même des forestiers.

Cette disparition des sources à la suite des grandes plantations a été constatée fréquemment, disent Adolphe Dupont et Bouquet de la Grye, conservateurs des forêts, dans *Les Bois indigènes et étrangers*, p. 122.

Au surplus, par la transpiration des feuilles, par la pénétration des racines et surtout par les propriétés hygrométriques de la couverture, la végétation forestière exerce sur tous les sols une action asséchante des plus marquées (Boppe et Jolyet, *Les Forêts*, p. 276).

Mais en Algérie, sauf sans doute, sur les hautes cimes, ce paraît être le cas normal. Depuis la publication de notre note *Eau et Boisement*, il nous a été signalé, par diverses personnes très autorisées, que l'eau après déboisement avait reparu dans des puits taris depuis longtemps et, fait plus frappant encore, l'on a vu parfois l'eau reparaître dans les puits en forêt très peu de jours après un incendie. Ces observations ne font d'ailleurs que confirmer ce qui est dit en note, page 4, dans *Forêts et Pluies*, de M. Henry.

Il est de notoriété publique dans les dunes, et cela se constate dans les puits de nos maisons forestières, *que le niveau de la nappe souterraine a baissé de plusieurs mètres depuis les ensemencements*. Des plantations de platanes et de peupliers, faites aux abords des maisons forestières il y a une quarantaine d'années, ont bien réussi. Aujourd'hui *nous ne pouvons plus faire prendre un feuille* malgré les arrosages. J'ai renoncé à continuer les essais faits dans ce sens, l'eau est maintenant trop basse. (M. DE LAPASSE, inspecteur des Forêts. Mont-de-Marsan. *Lettre du 30 mars 1906, à M. Henry*).

M. le professeur E. Henry estime (page 21) qu'il importe peu « que l'eau des puits se trouve sous bois à un mètre plus bas qu'en terrain nu. »

Graves conséquences possibles de l'assèchement du sol par les forêts.

Il vise là sans doute implicitement les régions où l'eau est surabondante. Tout au contraire l'on sera porté à penser que cet abaissement qui, dans le sud de la la Russie par 45° de latitude, se manifeste déjà par une dénivellation du plan d'eau de quatre à cinq mètres, peut; si l'on se rapproche de l'équateur, devenir excessif et contribuer à rendre moins habitables des régions très boisées. Tel paraît bien être le cas de la vallée de Ferlo en Sénégambie, que vient d'explorer le capitaine Vallier.[1]

Là s'étalent d'immenses forêts dont la traversée exige quatre à cinq jours de marche, là le premier plan d'eau souterrain est à des profondeurs de 20 à 60 mètres suivant que l'on remonte plus ou moins haut dans les vallées à très faibles pentes. En plusieurs d'entre elles, le labeur de l'indigène se dépense à tirer des puits profonds l'eau nécessaire à l'alimentation du bétail.

Voici comment s'exprime l'auteur, p. 357 :

La forêt de Ferlo a, pendant six mois de l'année, l'aspect squelettique d'une flore en voie de s'éteindre, partout s'offre en effet le spectacle lamentable de la souffrance, de la déchéance, de la décrépitude finale : arbres rachitiques entre la vie et la mort.

On peut, non sans raison, se demander si le soutirage incessant de ces vastes forêts sous un ciel de feu par 14 à 15° de latitude, n'est point la cause essentielle de la grande profondeur des eaux et si, avec un taux de boisement réduit à un tiers ou à un quart, la situation ne se serait pas bien meilleure.

Grâce à une saison pluvieuse bien marquée, à des précipitations météoriques qui, dans le nord de l'Europe, seraient suffisantes à tous les besoins, $0^{m},50$ à $0^{m},60$, d'après l'atlas de Schrader, la forêt a pu s'étaler sur tout le pays, et malgré les fréquents incendies allumés par les Peuhls, les Toucouleurs, les Ouolofs, etc., pour protéger leurs troupeaux contre les fauves, malgré la dévastation des éléphants, elle se maintient et est magnifique en hiver ; mais en été la transpiration de ces trop vastes massifs forestiers assèche trop profondément le sol.

Le Ferlo est un pays plat, non raviné ; sa surface est en général sablonneuse, les ruissellements sont nuls ou très minimes ; l'on se trouve là dans d'excellentes conditions pour que les eaux météoriques s'infiltrent en abondance et que, peu à peu, après une période de temps plus ou moins longue, dont les unités pourraient être des décades ou des siècles, les vides souterrains se gorgent d'eau, que le niveau phréatique remonte peu à peu et que finalement l'eau s'écoule à la surface même du sol en ruisseaux, en rivières, ainsi que cela fut à d'autres époques. Que

1. Voir *Comité de l'Afrique française, Renseignements coloniaux*. p. 347 à 358.

faut-il pour cela ? Qu'en chaque année pluvieuse un peu d'eau puisse s'infiltrer à profondeur. Grâce à la couche de sable qui revêt une bonne étendue du Ferlo, cette infiltration a bien lieu ; mais grâce aux profondes et puissantes racines des Baobabs, des Fromagers, des Romiers, des faux Gommiers, cette eau fût-elle descendue à 5 mètres, à 10 mètres, va être reprise et être déversée dans l'atmosphère, ce qui n'aurait point lieu en terrain nu (nous avons vu, en effet, que l'évaporation devient de plus en plus faible, dès que l'épaisseur de la couche asséchée atteint quelques décimètres) ; ni même en terrains couverts de modestes cultures, telle que l'arachide, principal produit de ces régions. Au Ferlo, l'incinération, le défrichement de la brousse épaisse, la destruction des essences sans valeur vénale, la mise en culture du sol, paraissent être, avec la multiplication des puits, la première phase de la colonisation. A un état de boisement trop compact il faut substituer la culture dans d'innombrables clairières.

De tout ceci nous ne voudrions point que le lecteur crût pouvoir conclure que nous estimons qu'il serait avantageux, en Algérie, en Tunisie de dénuder les flancs des montagnes, de les maintenir dépouillés de toute végétation : le résultat serait déplorable, le ruissellement énorme, l'infiltration dérisoire. Si ces terrains n'étaient point maintenus en bon état de culture, la dégradation de la montagne s'effectuerait sans profit aucun pour les sources. Par contre nous estimons que le défrichement de multiples bandes horizontales, suffisamment espacées pour éviter le ruissellement et leur mise en culture, améliorerait quelque peu et l'alimentation des sources et la végétation des bandes boisées et leur protection contre les incendies.

Capacité de retenue et imperméabilité.

Des expériences et observations relatées au cours de ce mémoire, résulte d'une façon manifeste, que la capacité de retenue pour l'eau de l'épiderme terrestre constitue le plus redoutable obstacle à l'alimentation des sources. Cet obstacle est tel que même aux latitudes moyennes : « *De vastes contrées remarquablement fertiles, couvertes de belles prairies, sont absolument privées d'eau pendant l'été. Telle est la riche plaine d'Epoisses dans l'Auxois*[1] », et ce, bien que cette région jouisse d'un climat humide tempéré, à pluies d'été fréquentes. Il est bien certain qu'en climat chaud la capillarité de cet épiderme joue un rôle encore plus prépondérant et désastreux pour les sources, en même temps que très favorable aux cultures.

Jusqu'à ce jour, au lieu de tenir compte de la capacité de retenue des terrains, on s'est borné à les classer en deux catégories bien tranchées : terrains perméables, terrains imperméables. Cette classification est insuffisante dans le sujet qui nous occupe.

En réalité, l'imperméabilité absolue des terrains de surface de 1 à 2 mètres d'épaisseur est chose très rare, ainsi qu'en témoignent les débits des drains, des terres les plus argileuses. En fait, la plupart des sols sont perméables, mais à des

1. Belgrand, *La Seine*, p. 108.

degrés très divers, et nous avons vu que l'alimentation des sources est chose des plus précaires, même en terrains que l'on ne saurait considérer comme imperméables, par cela seul que presque tous, qu'ils soient argileux, marneux, siliceux, humifères, ont une grande capacité de retenue. Seuls font exception les terrains à gros éléments : graveleux et sablonneux. Nous savons en outre que la mise en culture n'améliore pas sensiblement cet état de chose, enfin que le boisement ne peut, en région aride, que contribuer à la disparition des sources. Il nous faut maintenant aborder l'étude des divers moyens à employer pour améliorer l'hydrologie.

L'HYDROGENÈSE
MÉTHODES DIVERSES DE PRODUCTION DES SOURCES

On ne saurait douter, après l'examen que nous avons poursuivi des divers éléments qui interviennent, que vu leur nombre, leur complexité, leur antagonisme, ici de même que dans la culture des végétaux, les moyens à mettre en œuvre, les ouvrages à entreprendre, devront différer : suivant nature des terrains, topographie de la localité, puissance des pluies et de l'évaporation.

En matière d'hydraulique l'homme moderne a jusqu'ici consacré exclusivement tous ses efforts aux travaux de captage : dérivation des sources et des rivières, recherches: à l'aide de galeries de drainage, de puits ordinaires, de puits artésiens, des eaux enfouies spontanément dans le sol. Il serait vraiment temps, notamment en régions arides, qu'il élargisse son programme et aborde enfin l'étude des moyens les plus propres à accroître l'alimentation des nappes d'eau souterraines. Nous verrons sous peu que ce ne serait point là chose entièrement nouvelle et que sur la terre d'Afrique, en Tunisie notamment, nombreux sont les vestiges des ouvrages que les Romains paraissent avoir créés dans ce but.

PREMIÈRE PARTIE

Nous adopterons comme premier canevas de cette étude, les subdivisions suivantes.

A. Emmagasinement au-dessus du sol des eaux d'hiver.	Citernes, bassins, lacs, étangs, barrages-réservoirs.
B. Accroissement de la perméabilité des terrains argileux par le chaulage.	
C. Diminution de l'évaporation et du ruissellement des terres à l'aide d'un revêtement en pierraille.	
D. Suralimentation des terrains perméables à l'aide des eaux de ruissellement de la saison pluvieuse.	1. — Inondation périodique des affleurements sablonneux, graveleux des plaines et vallées. 2. — Barrages, étangs, tranchées, bassins d'absorption. 3. — Décapage, suralimentation en montagne : des affleurements perméables, des fissures des roches et des revêtements rocheux.

Emmagasinement au-dessus du sol.

L'objet essentiel du présent mémoire étant d'appeler l'attention du lecteur sur des solutions nouvelles ou peu connues, nous n'entrerons point ici dans de grands développements ; disons seulement que les barrages-réservoirs, malgré la défaveur qui les frappe depuis quelque vingt ans, sont appelés à rendre en tous lieux d'immenses services, en raison du bas prix auquel ils permettent d'obtenir l'eau d'irrigation.

L'on trouvera dans nos publications antérieures, *Note sur le dévasement et l'agrandissement des barrages-réservoirs*[1] ; *Notes sur l'aménagement des Eaux*[2], des renseignements utiles et sur leur mode de construction et sur l'essai préliminaire des berges et sur une méthode de dévasement que nous résumons comme suit :

A. Au lieu de capter les eaux par deux ouvertures ménagées dans le barrage, il faut les évacuer à l'aide d'un égout de fond, remontant jusqu'à l'amont de la retenue et admettant l'eau sur tout son parcours, soit par une série d'orifices, soit par des fentes de quelque longueur ;

B. Au lieu de laisser les vases s'accumuler, se tasser, se durcir ; puis s'acharner à les extraire, ce qui sera d'autant plus coûteux que l'on aura attendu plus longtemps ; il faut après chaque crue, pendant qu'elles sont encore semi-fluides, les recueillir dans cet égout de fond et les évacuer immédiatement.

En ce qui concerne les vases anciennes :

Evacuation à l'aide d'une conduite flottante mobile dont l'extrémité armée d'une turbine de désagrégation peut atteindre un point quelconque des dépôts.

Accroissement de la perméabilité des terrains.

Ainsi que l'a établi Schlœsing, l'imperméabilité des terrains argileux est due à ce que l'argile colloïdale se dilue dans l'eau de pluie. Le chaulage permettrait sans doute de maintenir cette argile colloïdale dans un état de coagulation favorable à la perméabilité. N'ayant point fait d'essai sur ce sujet, nous nous bornons à signaler cet ordre de recherches.

Diminution de l'évaporation et du ruissellement des terres, à l'aide d'un revêtement en pierraille.

Grâce à l'extrême finesse des particules dont sont formés la plupart des terrains, aux faibles dimensions de leurs interstices, la capillarité, sauf lorsque le point de rosée est atteint, ramène incessamment à la surface les eaux infiltrées et ces eaux se transforment en vapeur sous l'influence : des vents, de l'action particulière qu'exercent les radiations solaires et de la chaleur.

A égal degré d'humidité du sol, cette vaporisation est d'autant plus considérable que le soleil est plus ardent, que la terre s'échauffe d'avantage, que le renouvellement de l'air que baigne le sol est plus rapide.

Revêtons un terrain d'une couche de menues pierrailles, toutes les conditions physiques de reprise par l'atmosphère vont se trouver modifiées. La surface de la

1-2. Ruff, libraire, Alger.

terre s'échauffera moins, la pellicule d'eau qui incessamment vient imprégner cette surface ne sera plus soumise à cet ébranlement moléculaire, à cette surexcitation évaporatoire.

Les expériences ci-après relatées ont précisément pour objet, en premier lieu, de rechercher quel est le revêtement le plus efficace à épaisseur égale ; en second lieu de donner la mesure des diminutions d'évaporation produites par des couches de gravier de deux à huit centimètres d'épaisseur.

Choix du revêtement : Pierraille, gravier, gros sable.

Quatre cylindres en fer-blanc de 0,11 de diamètre sur 0,16 de hauteur ont été remplis le deuxième de terre, le troisième de sable fin, le quatrième de gros sable. Un cinquième vase de 0,118 de diamètre de 0 m. 18 de hauteur a reçu du menu gravier, après quoi les cinq récipients ont été remplis d'eau jusqu'à affleurement des matériaux.

	RÉCIPIENT VIDE	MATIÈRE SÈCHE	EAU	POIDS TOTAL
1. Eau	177.90	»	1432.6	1610,5
2. Terre criblée	152.7	1854,9	729.2	2736,8
3. Sable fin	132,2	2178,5	613,1	2924,0
4. Gros sable	156.0	2480,0	653,7	3289,7
5. Menu gravier	243,7	3116,2	774,8	4138,3

Puis on les a enterrés à fleur de sol dans une couche de sable exposée au soleil.

Le tableau suivant donne les pesées faites à diverses dates :

Variations de poids au soleil, de la terre, du sable fin, du gros sable, du menu gravier.

DATES 1906	HEURES	1 EAU	2 TERRE	3 SABLE FIN	4 SABLE GROS	5 MENU GRAVIER	OBSERVATIONS
12 Mai	8 h. matin.	1610g5	2736g7	2924g0	3289g7	4183g3	Les nombres soulignés indiquent les poids d'eau ajoutés ou les pluies reçues.
14 —	10 h. matin.	100 0	2586 0	2799 0	3164 5	4075 5	
16 —	7 h. soir...	160	2464 5	2692 4	3127 4	4008 4	
18 —	11 h. matin.	220 0	2318 8	2574 5	3104 5	3968 4	
21 —	6 h. matin.	195 0	2270 6	2499 1	3087 5	3946 6	
21 —	Pluie le soir.	7 4	7 4	7 4	7 4	8 4	
24 —	4 h. soir...	240 0	2226 7	2464 4	3072 1	3914 5	
24 —	Eau ajoutée.		190 0	190 0	95 0	108 0	
			20 m/m	20 m/m	10 m/m	10 m/m	Hauteurs d'eau correspondantes.
18 Juin	11 h. matin.	264 0	2295 5	2504 6	3086 6	3967 4	
2 —	5 h. soir...	300 0	2225 8	2451 7	3029 0	3935 0	
6 —	Pluie 2 m/m	19 0	19 0	19 0	19 0	21 6	
7 —	Pluie 5 m/m	47 5	47 5	47 5	47 5	54 0	
8 —		230 0	2213 7	2453 7	3055 4	3958 0	
11 —	Pluie 1 m/m3	12 31	12 31	12 31	12 31	14 0	
13 —		147 0	2178 0	2431 2	3026 4	3945 0	
19 —	8 h. matin.	261 0	2156 2	2410 0	3003 5	3921 9	

Evaporation au soleil déduite des chiffres du tableau précédent

DATES	HEURES	1	2	3	4	5
		m/m	m/m	m/m	m/m	m/m
12 au 14 mai......	10 h. du matin.	10.52	15,86	13,15	13.17	5,81
14 au 16 —	7 h. du soir.	27,36	28,68	24,38	18.13	12 02
16 au 18 —	11 h du matin.	50.52	42,93	36,78	19,49	15.73
18 au 21 —	6 h. du matin.	71.05	49,06	44,72	21.31	17,75
21 au 24 —	4 h. du soir.	97.09	55,02	49,14	23,63	21,03

Ainsi qu'on le voit, une terre évapore au début tant qu'elle est saturée autant et même plus qu'une surface d'eau, ceci en plein soleil ; le sable fin de même. Mais le fait important est que l'évaporation est moindre avec les matériaux à gros éléments.

La terre et le sable fin étant presque asséchés le 24 mai, il nous parut bon, pour poursuivre l'expérience, de donner un arrosage de 20 millimètres dans 2 et dans 3, et seulement 10 millimètres dans 4 et 5, pour éviter que l'eau ne remontât à fleur du gravier ou du gros sable, puis les pesées furent continuées :

DATES	HEURES	1	2	3	4	5
		m/m	m/m	m/m	m/m	m/m
28 mai	11 h. du matin.	124,84	67.43	64.92	32.15	26.60
2 juin	5 h. du soir.	156.46	74.52	70.49	38.22	29,60
8 —	9 h. du soir.	187.67	82.80	77,07	42.43	34,47
13 —	8 h. du matin.	203. 1	87. 8	80. 7	46. 7	36. 9
19 —	— ...	230,62	90. 1	82. 9	49, 2	40. 2

Les résultats précédents se confirment, le menu gravier donne lieu au minimum d'évaporation, et l'économie réalisée par rapport à une terre nue est de : $\frac{90,1 - 40,2}{90,1}$ soit 55 pour 100, malgré que nous soyons placés dans des conditions très défavorables aux gros éléments en remplissant les vases d'eau jusqu'à affleurement de leur surface.

En réalité la diminution d'évaporation due à un revêtement de gravier ou pierraille sera beaucoup plus important encore, ainsi que nous l'établirons plus loin.

Simultanément à l'essai précédent nous en poursuivîmes un autre à l'ombre en pièce close sur les mêmes matériaux dans 6 verres cylindriques ayant très sensiblement même diamètre et même hauteur.

Évaporation à l'ombre en pièce close des terres, sables, graviers.

Poids

	VERRE	MATIÈRE	EAU	TOTAL
1 — Eau..........................	121g2	»	242g3	363g5
2 — Terre fine.....................	96 0	259g5	108 5	464 0
3 — Sable fin......................	70 7	345 3	102 9	518 9
4 — Gros sable....................	74 0	391 5	88 1	553 6
5 — Menu gravier.................	95 5	372 2	92 0	562 7
6 — Gravier un peu plus gros.......	93 0	364 0	100 5	557 5

Pesées successives

DATES	HEURES	1 EAU	2 TERRE	3 SABLE FIN	4 SABLE GROS	5 PETIT GRAVIER	6 GRAVIER un peu plus gros	OBSERVATIONS
14 Mai	10 heures soir.	363g5	464g0	518g9	553g6	562g7	557g5	Les nombres soulignés indiquent les poids d'eau ajoutée.
16 —	7 heures matin	346 5	452 5	506 5	543 0	532 6	546 7	
18 —	9 h. 30 matin.	331 6	436 8	490 8	530 4	543 3	532 2	
18 —	9 h. 40 matin.	20 0						
21 —	7 heures matin	330 4	415 5	468 1	520 7	537 0	531 1	
21 —	8 heures matin	20 0						
24 —	9 h. 15 matin.	332 7	387 0	448 2	516 1	532 0	526 8	
24 —		20 0						
28 —	7 h. 30 matin.	333 4	377 1	432 0	512 2	528 4	522 0	
28 —		20 0						
2 Juin	2 heures soir.	336 8	365 0	426 8	508 3	524 6	517 0	
2 —	Ramené à.....	362 0						
8 —	6 heures soir.	329 3	358 6	423 1	503 0	519 7	512 2	
13 —	5 heures soir.	311 9	355 9	421 2	499 8	516 3	508 2	
13 —	Ramené à.....	363 5						
18 —	5 heures soir.	330 8	353 7	418 3	494 9	512 7	504 2	

Évaporation à l'ombre déduite des chiffres ci-dessus en grammes

DATES	HEURES	EAU	TERRE	SABLE FIN	SABLE GROS	PETIT GRAVIER	GRAVIER un peu plus gros	OBSERVATIONS
16 Mai	7 heures matin	17g0	11g5	12g4	10g6	10g1	10g2	
18 —	9 h. 30 matin.	31 9	27 2	28 1	23 2	19 4	19 3	
21 —	7 heures matin	53 1	48 5	50 8	32 9	25 7	26 4	
24 —	9 heures matin	70 8	77 0	70 7	37 5	30 7	30 7	
28 —	7 h. 30 matin.	90 1	86 9	86 9	41 4	34 3	35 5	
2 Juin	2 heures soir.	106 0	99 0	92 1	45 3	38 1	40 5	
8 —	6 heures soir.	138 5	105 4	95 8	50 6	43 0	45 3	
13 —	5 heures soir.	156 1	108 1	97 7	53 8	46 4	49 3	
18 —	5 heures soir.	188 4	110 3	100 6	58 7	50 0	53 3	
			»	-0m055	-0m015	-0m020	»	Niveau de l'humidité le 13 juin.
			»		-0 045	-0 045	-0g045	Niveau de l'eau le 13 par rapport à la surface.

Ainsi qu'on le voit, l'évaporation d'une terre saturée est à l'ombre, dès le début même, plus faible que celle d'une surface d'eau, tandis que l'inverse se produit au soleil ; mais le fait important à retenir de cet essai est que, de même qu'au soleil, l'évaporation est réduite de plus de moitié par une mince couche de menus graviers. Notons qu'au 13 juin, l'eau dans les verres 4, 5, 6, n'était qu'à 4 centimètres 1/2 au-dessous de la surface et qu'ici encore nous nous sommes placés dans des conditions peu favorables ayant saturé tous les récipients jusqu'à affleurement au début de l'expérience.

Il se trouve donc de nouveau confirmé qu'une couche peu épaisse de menues pierrailles doit considérablement réduire la reprise par l'atmosphère des eaux infiltrées après chaque pluie.

Diminution de l'évaporation des terres sous revêtement de graviers.

L'expérience suivante va nous donner la mesure du degré de protection obtenu avec des couches de 2, 4, 6, 8 centimètres de graviers ayant de 10 à 20 millimètres de côté.

5 bocaux de 9 centimètres de diamètre et 245 millimètres de haut, furent remplis de terre puis revêtus de couches de graviers siliceux de 0, 2, 4, 6, 8 centimètres d'épaisseur et saturés d'eau.

On les enveloppa de manchons et ils furent disposés dans une caisse de telle sorte que le soleil ne frappa que leur face supérieure, puis pendant deux mois l'on suivit leurs variations de poids lesquelles sont inscrites dans le tableau ci-dessous.

Le graphique, planche 4, a été tracé d'après ces chiffres, et il permet de voir clairement quelle a été la marche de l'évaporation dans chaque récipient.

	DIAMÈTRES	POIDS				
		BOCAUX	TERRE	GRAVIER	EAU	TOTAL
	m/m	gr.	gr.	gr.	gr.	gr.
1 — bocal à eau...........	89.2	587.4	»	»	1600,6	2188,0
2 — terre nue.............	89,5	673,2	1942.5	»	268.8	2882.5
3 — terre et 2 c. gravier.....	90.5	551.0	1780.0	269.0	266.8	2842.8
4 — — 4 c. —	91,5	644,7	1618,0	507.2	266.8	3022.3
5 — — 6 c. —	91.5	730.0	1456.0	697.7	266,8	3150,5
6 — — 8 c. —	92,0	458.3	1294,0	985,0	266.8	3002,3

		1 EAU	2 TERRE NUE	3 2e GRAVIER	4 4e GRAVIER	5 6e GRAVIER	6 8e GRAVIER	OBSERVATIONS
		gr.	gr.	gr.	gr.	gr.	gr.	
8 Juin	6 heures soir.....	2188,8	2882,5	2842,8	3022,3	3160,5	3002,3	Les chiffres soulignés indiquent l'eau ajoutée ou les pluies, ou encore que le poids du bocal a été ramené aux chiffres soulignés.
11 —	Pluie du 11 Juin..	8,1	8,1	8,3	8,5	8,5	8,6	
13 —	6 h. 30 matin.....	2046,5	2782,7	2832,7	3018,7	3144,5	2999,2	
13 —		2188,0	133,4	133,4	133,4	133,4	133,4	
13 —	Poids définitifs....	2188,0	2916,1	2966,1	3152,1	3277,9	3132,6	
18 —	6 heures soir.....	1955,2	2809,7	2916,5	3126,2	3254,2	3109,4	
19 —	7 heures matin....	»	40,1	49,9	59,7	59,7	64,6	Addition d'eau complémentaire telle que les vases 2, 3, 4, 5, 6, aient reçu en tout 70 m/m d'eau.
19 —	8 h. matin poids..	2138,0	2849,8	2966,4	3185,9	3314,5	3174,0	
24 —	6 heures matin ...	1925,7	2772,5	2931,6	3169,7	3297,7	3156,5	
24 —	7 heures matin ...		62,9	64,3	65,7	65,7	»	Dans 6 vidé l'eau, puis reversé sur le gravier pour le mouiller avant l'addition des manchons destinés à diminuer l'échauffement solaire.
24 —	8 h. poids rectifiés	2138,0	2835,4	2995,9	3235,4	3363,4	3156,5	
24 —	8 h. 30 poids (1)...	2156,8	2856,5	3018,0	3259,0	3382,5	3184,2	1. Poids après addition des manchons.
1er Juillet	8 heures matin ...	1953,4	2778,2	2980,3	3232,7	3351,7	3157,5	
1er —	8 h. 30 eau ajoutée		125,4	51,4	52,5	52,5	»	En 6 on vide l'eau puis on reverse par-dessus pour mouiller le gravier.
1er —	Poids apr. arrosage	2156,8	2903,6	3035,7	3285,2	2404,2	3157,5	
2 et 3	Pluies...........	28,1	28,3	29,0	29,6	29,6	29,9	
		2184,9	2931,9	3064,1	3314,8	3433,8	3187,6	Poids rectifiés en tenant compte des pluies.
8 —	8 heures matin...	1992,8	2810,2	3036,4	3287,6	3398,6	3163,5	
	8 h. 30 eau ajoutée	144,0	93,4	12,6	12,8	»	»	En 5 et 6 on vide l'eau et on arrose cette eau avec.
		2156,8	2903,6	3049,0	3300,4	3398,6	3163,5	Poids après arrosages.
8 —	Pluies...........	50,8	51,2	52,3	53,4	53,4	54,0	
	Poids rectifiés.....	2207,6	2954,8	3101,3	3353,8	3452,0	3217,5	
15 —	8 heures matin ...	1985,2	2825,0	3066,9	3295,2	3389,8	3195,0	
	Poids après arrosage ou après soustraction d'eau....	2156,8	2903,6	3079,7	3280,0	3341,1	3154,5	
22 —		1929,9	2801,6	3042,8	3250,7	3316,0	3136,4	
22 —	Poids apr. arrosage	2156,8	2903,6	3107,1	3259,5	3332,2	3152,6	
29 —		1865,2	2783,6	3061,5	3217,4	3308,5	3128,2	
29 —	Poids apr. arrosage	2156,8	2903,6	3154,3	3234,5	3328,7	3154,4	
5 Août		1877,8	2785,8	3097,9	3201,8	3303,7	3129,2	
5 —	Poids apr. arrosage	2156,8	2903,6	3151,0	3230,4	3322,7	3150,2	
12 —		1885,7	2785,0	3097,4	3202,7	3302,2	3131,1	
12 —	Poids apr. arrosage	2156,8	2903,6	3149,4	3233,3	3323,2	3154,7	
4 —	Pluies en m/m....	22,4	22,4	22,4	22,4	22,4	22,4	
	— en gr.....	139,7	140,9	143,9	147,1	147,1	148,7	
	Poids rectifiés	2296,5	3044,5	3293,3	3377,2	3470,3	3303,4	
25 —	7 heures soir.....	1150,8	2710,5	3012,5	3200,7	3323,0	3191,3	

Les chiffres ci-dessus ont servi à établir le tableau ci-après :

Evaporation au soleil
de la terre nue et de la terre couverte de gravier sous diverses épaisseurs

	1	2	3	4	5	6
	m/m	m/m	m/m	m/m	m/m	m/m
8 au 12 Juin	29,9	16.9	2.8	1.8	2,2	1.7
8 au 18 —	61,2	34.0	7,4	5.7	5,7	5,2
8 au 24 —	95,3	45,7	15,9	8,2	8.2	8,0
8 Juin au 1er Juillet	127,8	58.1	21.8	12,3	12.8	12,0
8 — 8 —	158.6	77,5	26,2	16,4	18.1	15,7
8 — 15 —	194.3	98,1	31,5	25,2	»	19,1
8 — 22 —	230.6	114,3	37,3	29,6	31.9	21,8
8 — 29 —	277.4	133.4	44.4	36.0	35,5	25.5
8 — au 4 Août	322.1	152,1	53,2	41,0	37,8	29,2
8 — au 12 —	365,5	171.0	61.5	45.2	42,4	32,8
8 — au 25 Septembre	549.4	225.7	105.2	72.1	64.8	49,6

Conclusions. — Dans cet essai, la terre recouverte de deux centimètres de gravier a donné lieu, du 8 juin au 8 août, à une évaporation 2,8 fois plus petite que la terre nue. Avec 4 centimètres de gravier l'évaporation a été 3,72 fois moindre et avec 8 centimètres 5,16 fois plus petite.

Nous avons donc là, on le voit, un moyen très efficace pour diminuer l'évaporation autant que besoin sera. Ces conclusions se trouvent confirmées dans les tableaux 11 et 12 et dans le graphique, planche 3. Ce graphique fait ressortir nettement les différences considérables des pertes par évaporation : des terres nues, des terres emblavées et engravées, etc.

Très encouragé par ces résultats, il nous a paru bon de les contrôler à l'aide du dispositif suivant :

Jauges Dalton : Appareil de mesure de l'infiltration.

A trois récipients cylindriques en zinc, de 0,226 de diamètre et 0m,30, 0m,32, 0m,38 de hauteur, ont été soudés trois cônes de 0m,12 de hauteur, munis chacun d'une tubulure. Chaque cône a reçu 0 k. 750 de gravier pour faciliter l'égouttage et, au-dessus du gravier, l'on a mis 11 k. 900 de terre. Cette terre affleure à 2 centimètres du bord supérieur dans le premier, à 4 centimètres dans le second, à 10 centimètres dans le troisième. Le deuxième a reçu 2 centimètres de gravier et le troisième 8 centimètres. Les tubulures plongent dans des bouteilles de 2 litres, destinées à recevoir les infiltrations. Ces trois vases ont été copieusement arrosés, et pendant un jour l'on a continué les arrosages et rejeté les eaux d'infiltration.

Du 3 octobre au 18 février l'on a mesuré les infiltrations dues aux pluies, lesquelles ont été ici extraordinairement abondantes en cet hiver exceptionnel de 1906-1907.

Finalement nous disposions là de 3 massifs de terre de 0m,280 d'épaisseur, 0m,226 de diamètres *saturés d'eau* le 29 septembre, au début de la saison pluvieuse, et couverts de couches de graviers de 0—2—et 8 centimètres. L'eau recueillie par les bouteilles nous a donné la mesure de la résultante des pluies et de l'évaporation à Maïnis.

Il eût été sûrement préférable de ne pas saturer au préalable ces massifs, par arrosage artificiel, mais en bien des années les pluies sont si dérisoires et si tardives en notre pays, que nous nous exposions en opérant ainsi à ne pas avoir la moindre infiltration à mesurer avant une période de trois à quatre mois, sinon durant toute l'année.

En réalité, il eût fallu opérer sur deux séries de jauges, l'une avec terres saturées, l'autre avec des terres sèches, telles qu'elles sont dans les champs à la fin de l'été.

Jauges Dalton

Appareil de mesure de l'infiltration

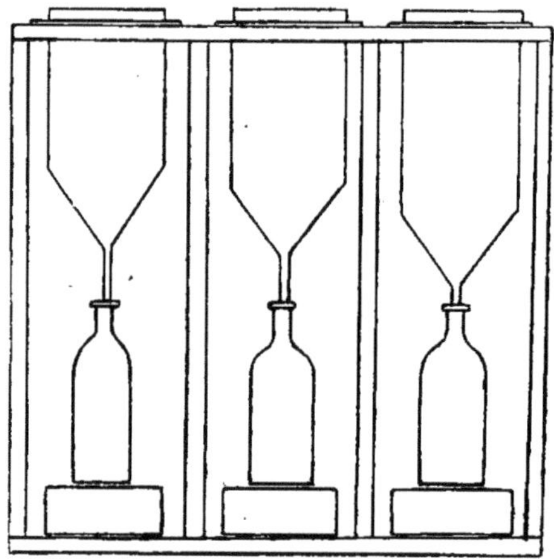

A notre avis, des appareils de ce genre, dont les dimensions seraient arrêtées après étude approfondie, devraient être installés dans chaque localité ; ils permettraient de se rendre compte des quantités d'eau infiltrées chaque année. Les pluviomètres mesurent bien les pluies tombées en plein champ, mais l'évaporomètre de Pitche n'indique que l'eau évaporée sous abri et *à l'ombre*, par une rondelle de papier mouillé, et les psychromètres donnent des indications du même ordre ; or, ce qu'il importe de connaître, tant pour la culture que pour l'hydrologie, c'est la résultante des phénomènes en jeu : pluie, soleil, vent, capacité de retenue des terres dans chaque centre de population.

Comme appareil de mesure, il suffit de disposer d'une éprouvette graduée, l'installation est des plus simple et n'exige aucun entretien. Le relevé des infiltrations, quand il s'en produit, ne prend que quelques minutes. L'appareil doit être livré à lui-même sans arrosage aucun, indéfiniment. Cette installation, comme toutes les autres, comporte évidemment un élément arbitraire, c'est l'épaisseur de la couche de terre à adopter. A notre avis, la série des jauges devrait comprendre à la fois des massifs de $0^m,50$ et de 1 mètre; cette dernière épaisseur étant juste suffisante pour permettre de voir si, dans les années les plus pluvieuses, une seule goutte d'eau peut aller aux sources sous terre végétale, dans les régions arides, toutes les conditions naturelles, les plus favorables étant d'ailleurs réunies, savoir : suppression des ruissellements grâce aux rebords des jauges, supression de la reprise en profondeur par les racines des végétaux, les surfaces des jauges étant maintenues nettes de toute herbe.

Ces considérations exposées, indiquons d'abord les éléments de nos trois jauges, nous inscrirons ensuite les quantités d'eau infiltrées à travers ces récipients après chaque pluie.

Poids

	RÉCIPIENT	GRAVIER DE FOND	TERRE	GRAVIER DE SURFACE	EAU ENVIRON	TOTAUX ENVIRON
1 — Terre nue	2461g5	750g0	13816g0	»	5250g0	22277g0
2 — Terre plus 2 c. gravier	2568 0	750 0	13816 0	1281g0	5250 0	23665 0
3 — Terre plus 8 c. gravier	3225 2	750 0	13816 0	5184 0	5250 0	28225 0

Jauges Dalton — Mesures de l'infiltration

DATES	PLUIES		INFILTRATION PAR JOUR			INFILTRATION PAR PLUIE			RENDEMENTS POUR CENT			PLUIE par PÉRIODE en gr.
	millimét.	grammes	1	2	3	1	2	3	1	2	3	
14-15 octobre	11.1	425	0	30	147							
15-16 —	0	0	0	28	94							
16-17 —	0	0	0	0	12	0	58	253	0	8	59	425
17-18 —	0	0	0	0	0							
18-19 —	4.6	178	0	0	0							
19-20 —	0	0	0	0	4							
20-21 —	0	0	0	0	36							
21-22 —	0	0	0	0	32	0	0	72	0	0	40	178
22-23 —	0	0	0	0	0							
25-26 —	5.1	195	0	0	0							
26-27 —	3,4	130	0	0	6							
27-28 —	94.7	3630	> 750	> 750	> 750							
28 29 —	5.5	214	290	135 ?	165 ?							
29-30 —	24.2	950	415	750	> 750							
30 31 —	17.4	670	540	625	625							
31-1er novembre	0	14	50	40	78							
1-2 —	0	0	0	0	24	> 2045	> 1300	> 2410	z	z	z	5803
2-4 —	0	0	0	0	18							
24-25 —	4.4	170	10	12	3							
25-26 —	0	0	0	1	14							
26-27 —	0	0	0	0	3	10	13	20	5	7	11	170
27-28 —	0	0	0	0	0							
30-1er —	1.4	55	0	0	2							
1-3 décembre	2.8	108	0	0	26							
3-4 —	0	0	0	0	19							
4-5 —	0	0	0	0	6							
5-6 —	0	0	0	0	1	0	0	54	0	0	35	163
6-7 —	7.60	259	0	20	89							
7-8 —	0.10	3	0	2	38							
8-9 —	5.25	221	0	89	118							
9-10 —	2.53	96	0	60	99							
10-11 —	0	0	0	6	16							
11-12 —	0	0	0	0	4							
12-13 —	0	0	0	0	2	0	177	366	0	30	63	579
13-19 —	0	0	0	0	0							
19-20 —	2.32	89	0	0	0							
20-23 —	0	0	0	0	0	0	0	0	0	0	0	89
23-24 —	18.35	702	0	130	320							
24-25 —	41,87	1603	z 0	1760	1800							
25-26 —	0	0	0	15	60							
26 27 —	0	0	0	0	6	0	1905	2186	0	82	94	2305
27-28 —	17.08	654	0	360	380							
28-29 —	22.57	864	470	900	870							
29-30 —	0	0	150	35	95							
30-31 —	8 77	336	130	230	230							
31-1er janvier	0	0	28	8	30							
1-2 —	0	0	3	2	20	781	1335	1625	42	72	86	1854
5-6 —	7,36	282	0	91	77							
6-7 —	0	0	0	25	44	0	116	121	0	41	42	282
9-10 —	2.41	81	0	26	32	0	26	32	0	32	39	81
22-23 —	9.28	353	0	140	205							
23-24 —	0	0	0	20	38							
24-25 —	0	0	0	2	0	0	162	243	0	45	68	353
						791	3734	4647				5873

Jauges Dalton. — Mesures de l'infiltration (suite)

	PLUIES		INFILTRATION PAR JOUR			INFILTRATION PAR PLUIE			RENDEMENTS POUR CENT			PLUIE par PÉRIODE en gr.
	Par Jour		1	2	3	1	2	3	1	2	3	
	m/m	gr.										
Reports...	»	»	»	»	»	791	3734	4647	»	»	»	5873
27 28 janvier	8.01	307	0	0	62							
28 29 —	2.53	97	0	17	31							
30 —	0	0	0	11	46							
30 31 —	10.50	402	0	285	330							
31-1er février	0.56	21	0	8	31	0	321	500	0	38	60	827
1er-2 —	21.15	810	28	674	674							
2-3 —	8.43	223	130	178	168							
3-4 —	10.75	412	380	450	480							
4-5 —	0	0	12	5	19	550	1307	1341	35	84	86	1545
8-9 —	47.89	1834	890	1690	1762							
9-10	0	0	14	8	24	904	1698	1786	49	92	97	1834
11-12 —	6.02	230	40	116	95							
12-13 —	7.18	275	66	150	186							
15-16 —	23.41	897	616	880	872							
16-17 —	0	0	18	12	82							
17-18 —	0	0	0	0	26	740	1158	1261	52	82	89	1402
24 nov. 18 fév.	TOTAUX ..					2985	8218	9535	26	71	81	11481

Diverses observations doivent être rapportées ici :

1° Il n'a pu être tenu compte des infiltrations du 26 octobre au 4 novembre, une pluie considérable 94m/m7 a fait déborder les jauges et les bouteilles réceptrices, lesquelles à ce moment jaugeaient seulement trois quarts de litre. On les a remplacées depuis par d'autres de deux litres ;

2° Dans la jauge 1, la terre est devenue à peu près *complètement imperméable* vers le 25 décembre, l'eau séjournait au-dessus. Il nous a fallu nous résigner à perforer le massif sur presque toute son épaisseur (avec une tige de huit millimètres) de quatre trous dont deux dirigés de haut en bas et deux de bas en haut pour rétablir la filtration.

Rappelons que dans cette jauge comme dans les autres la terre repose sur un lit de gravier de même section que le vase.

Malgré ces perforations qui facilitaient beaucoup la rapide infiltration de l'eau, le rendement final, autrement dit le rapport de l'eau recueillie par la bouteille réceptrice à la pluie tombée sur la jauge, n'a pour la période 4 novembre, 18 février atteint que 26 pour 100.

Le rendement passe à 71 pour avec deux centimètres de gravier et atteint 81 pour 100 avec 8 centimètres.

La protection due à un très mince revêtement caillouteux est donc très considérable. Par contre, nous voyons combien peu la terre nue est apte à contribuer à l'alimentation des sources ; en effet nos observations portent ici sur la période la plus froide de l'année, celle ou la reprise par l'atmosphère est minimum

4 novembre, 18 février ; cette période a été tout particulièrement pluvieuse puisqu'il est tombé en 80 jours 300 millimètres de pluie, alors que dans les années de sécheresse notre région n'en reçoit pas plus de 320 à 350 en douze mois.

D'autre part, dans nos jauges, l'épaisseur de terrain que les eaux ont à traverser est seulement de 28 centimètres, alors qu'il faudrait pour les sources envisager une épaisseur de plus de 1 mètre ; enfin nous opérions là sur des terrains préalablement saturés par arrosage artificiel et malgré toutes ces conditions favorables l'infiltration n'a été que de 16 pour 100 des pluies ; très vraisemblablement une couche de terre de 1 mètre ; au même état de dessiccation qu'est le terrain naturel à la fin de l'été, n'eût pas laissé filtrer une seule goutte d'eau, même en cette année, pluvieuse et malgré que tout ruissellement soit supprimé, grâce aux rebords des jauges [1].

Nous ne saurions expliquer pourquoi la terre est devenue imperméable dans la jauge n° 1. Cet effet est-il dû à ce que cette terre étant peu calcaire les pluies infiltrées ont entraîné la chaux et que dès lors l'argile colloïdale s'est diffusée, a perdu son état de coagulation et obstrué les interstices des particules, nous l'ignorons ; le même effet eût dû se produire dans les jauges 2 et 3, revêtues de cailloux siliceux et non calcaires.

Cela est-il dû aux retraits et expansions que subit la couche superficielle, sous l'influence des dessiccations et hydratations successives dont l'effet serait de tasser de plus en plus le terrain, de rapprocher ces particules jusqu'à rendre le massif imperméable ; la chose est bien possible.

Au cours des essais, dans chacun des massifs il y a eu des variations dans le degré de perméabilité, que des expériences ultérieures permettront peut-être d'expliquer.

Quant aux variations de rendement d'une série de pluies à une autre, elles se comprennent aisément. Si les pluies sont séparées par quelques jours de soleil ou de vent, le prélèvement par l'atmosphère exercé sur la jauge I est considérable, pas une goutte d'eau n'arrivera à la bouteille réceptrice à la pluie suivante si celle-ci n'est pas très copieuse.

Tout au contraire, même avec une pluie faible, la terre nue peut donner lieu à des infiltrations si le temps est toujours calme, nuageux, sans soleil.

Ruisseloirs.

Poussant plus loin nos études sur l'influence d'un revêtement caillouteux, il nous a paru bon de rechercher, si en même temps que l'évaporation est considérablement diminuée, le ruissellement ne serait pas réduit dans de notables proportions. A cet effet, nous avons construit deux encoffrements en zinc de 2 mètres de long sur 0m,34 de large, ayant pour section transversale un rectangle terminé par un triangle, ainsi que l'indique le croquis ci-joint.

1. Par suite du tassement des terres le devers avait atteint 3 à 4 centimètres dans les trois récipients.

Chaque caisse en zinc a été logée dans un revêtement en planche fixé sur un bâti supporté par une bascule. Les bâtis ont été réglés de telle sorte que l'inclinaison de chaque ruisseloir eut exactement 11° 50' soit 21/100. Il a été placé au fond de chaque caisse une couche de gravier destinée à faciliter l'infiltration, formant drainage collecteur. A l'angle inférieur de la partie triangulaire a été soudée une tubulure qui dirige, dans un bidon en zinc de près de 20 litres, les eaux d'infiltration.

Ruisseloirs

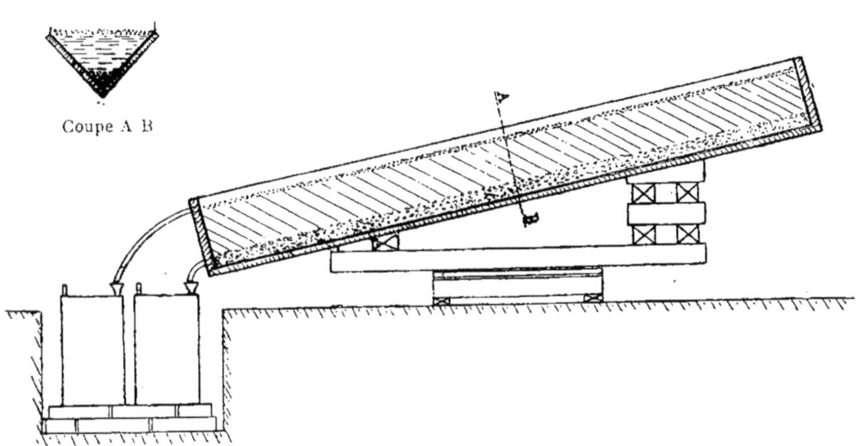

Par-dessus la couche de gravier du drainage l'on a étalé dans chaque appareil la même quantité de terre soit 80 kilos. Enfin les terres du ruisseloir n° 1 ont été recouvertes de 28 kilos de menus graviers, ce qui correspond à une épaisseur de 2 centimètres. La partie rectangulaire de cette caisse en zinc avait 2 centimètres de hauteur de plus que l'autre, de telle sorte que le gravier affleure exactement au même niveau que la terre, par rapport aux rebords. Au bas des encoffrements, rez de la terre ou du gravier, ont été soudées 2 larges tubulures destinées à amener les eaux de ruissellement à deux autres bidons en zinc de même capacité. Grâce à ce dispositif, il est devenu aisé de mesurer, après chaque pluie ou série de pluies, et les eaux d'infiltration et les eaux de ruissellement, tant pour la terre couverte de gravier que pour la terre nue.

Pour éviter les causes d'erreur et rendre faciles les mensurations, le couvercle de chaque récipient était armé d'un petit entonnoir dans lequel venait déboucher la tubulure abductrice de l'eau, et d'un petit ajutage vertical, grâce auquel on pouvait aisément transvider, sans perte, dans l'éprouvette graduée, destinées aux mensurations.

Chaque appareil avait été placé à demeure, sur une bascule distincte, en vue de mesurer les variations de poids des terres, ce qui eût permis, grâce à la détermination directe de l'infiltration et des variations des quantités d'eau retenues, de calculer l'évaporation sans manutention compliquée ; ce qui vu le poids considérable de chaque ruisseloir, 160 kilos et 133 k. 800 à sec, n'eût pas été sans ce dispositif, chose aisée. Malheureusement, la sensibilité de ces bascules à articulations insuffisamment abritées contre les pluies devint bientôt dérisoire, et il nous fallut nous borner aux jaugeages des eaux d'infiltration et de ruissellement.

Voici les données numériques de ces installations :

CALAGE	ENCOFFREMENT	GRAVIER AU DRAIN	TERRE	GRAVIER DE SURFACE	TOTAUX
Ruisseloir n° 1 18 k. 100	26,900	7,300	80.000	28.000	166.000
Ruisseloir n° 2 19 k. 400	27,100	7,300	80.000	0.0	133.800

Le tableau ci-après donne le relevé des observations faites du 4 juillet 1906 au 18 février 1907 :

RUISSELOIRS

DATES	PLUIES		RUISSELLEMENT		INFILTRATION		INFILTRATION Rendement p. 100	
	Millimètres	Grammes	Gravier	Terre nue	Gravier	Terre nue	Gravier	Terre nue
4 au 5 septembre	22.4	14896	390 g	1975 g	182 g	A 615 g		A eau de crevasses
28 29 —	26.3	17489	415	4490	2215	170		
29-30 —	20.8	13832	2410	5240	8050	250		
30 sept. 1er oct.	15,1	10021	1645	2975	5735	1075		
1er au 2 octobre	0	0	0	0	150	0		
2 3 —	— 0	— 0	— 0	— 0	— 5	— 0	— 37	— 3
14-15 —	11.1	7381	L 126	T 78	L 1555	T 340		
15-16 —	0	0	0	0	L 124	0		
18-19 —	4.6	3059	L 46	T 34	L 820	T 25		
19-20 —	0	0	0	0	id. 58	0		
20-21 —	0	0	0	0	id. 40	0		
21-22 —	— 0	— 0	— 0	— 0	— 0	— 0	— 24	— 3
25-26 —	5.1	3391	34	25	56	20		
26-27 —	3.4	2261	34	26	1030	38	— 19	— 1
27-28 —	— 94,7	— 62975	— 6400	— > 19400	— > 19400	— > 19400		
28-29 —	5.5	3657	56	600	3200	2600		
29-30 —	24,2	16093	3950	6485	8720	6670		
30-31 —	17,4	11571	1350	3260	7890	6820		
31 au 1er nov.	0.3	199	10	60	300	60		
1er novemb. au 2	0	0	0	0	0	0	z	z
24-25 novembre	4.4	2926	29	42	444	125		
25-26 —	0	0	6	0	90	0		
26-27 —	0	0	0	0	6	0	— 18	— 4
30 au 1er déc.	— 1.8	— 931	— 8	— 10	— 58	— 0		
2-3 décembre	2,8	1862	28	56	845	16		
4 —	0	0	0	0	25	0		
5 —	0	0	0	0	3	0	— 33	— 0,5
6-7 —	— 6,7	— 4455	— 64	— 74	— 2445	— 33		
7-8 —	0	0	0	0	109	0	— 57	— 0,7
8-9 —	— 5,2	— 3448	— 182	— 465	— 2735	— 0		
9-10 —	2,5	1662	10	130	460	12		
10-11 —	0	0	0	0	20	0		
11-12 —	— 0	— 0	— 0	— 0	— 2	— 0	— 62	— 0,2

RUISSELOIRS *(suite)*

DATES	PLUIES		RUISSELLEMENT		INFILTRATION		INFILTRATION Rendement p. 100	
	Millimètres	Grammes	Gravier	Terre nue	Gravier	Terre nue	Gravier	Terre nue
19-20 —	2.3	1529	2	0	0	0		
23-24 —	18.3	12169	230	2025	125+x	390	x	x
24-25 —	41.8	27797	3055	6272	> 19400	17300		
25-26 —	0	0	4	4	54	6	> 70	61
27-28 —	17.1	11371	1450	6910	7105	1175		
28-29 —	22.5	14962	1080	9315	12590	4085		
29-30 —	0	0	0	0	250	60	75	20
30-31 —	8.8	5852	170	2380	4070	1570		
31 au 1er janvier	0	0	0	0	115	10		
1er au 2 —	0	0	0	0	5	0	71	26
5-6 —	7.3	4854	138	410	2350	500		
6 7 —	0	0	0	0	133	0	51	10
9-10 —	2.1	1396	11	187	490	14		
10-11 —	0	0	0	0	0	0	37	1
22-23 —	9.3	6184	68	1780	2690	75		
23-24 —	0	0	0	0	56	0	44	1
27-28 —	8.0	5320	61	65	1310	46		
28-29 —	2.5	1662	20	20	950	18		
29-30 —	0	0	0	0	54	0	30	0.9
30-31 —	10.5	6982	1180	4554	4060	70		
31 au 1er février	0.5	332	8	13	27	0	55	0.9
1-2 —	21.1	14031	785	8932	11440	304		
2-3 —	8,4	5586	348	1328	2622	730		
3-4 —	10.7	7115	150	5030	7155	1640		
4-5 —	0	0	0	8	6	4	78	9
8-9 —	47.9	31853	4910	19400	19400	2890		
9-10 —	0	0	0	0	10	5	60	9
11-12 —	6.0	3990	55	560	1690	648		
12-13 —	7.2	4788	240	2530	2765	94		
15-16 —	23,4	15560	1560	9130	10920	3700		
16-17 —	0	0	0	0	25	18	63	18
TOTAUX...	280.4	186449	15622	79594	118988	35118	63	18
Ruissellement (rendement pour 100)...							8	42

A côté des ruisseloirs, mais en dehors de leur remous, était placé un pluviomètre dont les indications ont servi à calculer les hauteurs des pluies tombées. Les chiffres ainsi obtenus ont été ensuite multipliés par 665, pour avoir la pluie reçue par chaque ruisseloir. La surface réelle de ceux-ci est de $0^{m2},68$, mais cette surface est inclinée de 11° 50′, ce qui donne en projection horizontale $0^{m2},665$.

Observations diverses. — Les eaux d'infiltration du ruisseloir à gravier étaient constamment limpides, quoique la couche de terre traversée n'eût que 0,14 d'épaisseur. Tout au contraire, celles du ruisseloir à terre nue étaient presque toujours troubles.

La terre se séchant, il se produisait des crevasses, et par ces crevasses l'eau pénétrait jusqu'au drain sans se filtrer. Rigoureusement il eût fallu exclure du tableau les eaux troubles, ne point les considérer comme des eaux d'infiltration ; mais cela n'était point chose facile.

Disons en outre que les eaux de ruissellement de l'appareil à gravier ont été limpides dès le début des essais, il y a là un fait bon à retenir que nous mettrons à profit. Il n'en était certes point de même pour la terre nue.

Dans les colonnes 8 et 9 ont été inscrits les rendements en eau d'infiltration afférents à chaque pluie ou série de pluies, autrement dit les rapports des eaux infiltrées à la pluie reçue. L'on voit combien sont importants les écarts des chiffres de ces deux colonnes. Les pluies considérables des 27, 28 octobre ayant fait déborder les récipients, il nous a paru préférable de ne totaliser les chiffres qu'après expiration de la série pluvieuse 27 octobre au 2 novembre.

Dans la journée du 23 au 24 décembre, grâce à une mauvaise adaptation de l'une des tubulures, il y a eu perte d'eau, nous n'avons donc point tenu compte de cette journée de pluie.

Les résultats généraux de ces essais sont les suivants :

1° Sous une couche de 2 centimètres de gravier, l'infiltration a été trois fois et et demie plus importante que sous terre nue ;

2° Le ruissellement de la terre nue a été plus de cinq fois plus grand que celui du ruisseloir à gravier.

Cette diminution du ruissellement, cet accroissement d'infiltration paraissent dus aux causes suivantes :

A. — Sous gravier, il ne se forme point aussi promptement, après quelques jours de sécheresse une croute dure compacte, que la nouvelle pluie aura à ramollir, à faire foisonner à pénétrer avant que soit rétablie la perméabilité de la surface.

B. — Sous gravier la pluie tombée s'étale sous forme d'une nappe mince dont le mouvement de descente est retardé par les adhérences multiples qu'elle contracte et rompt incessamment avec la couche de pierraille, d'où perte de force vive tout comme cela se produit quand on étale une minuscule pellicule d'huile à la surface de la mer pour calmer les flots.

Sur terre nue, tout au contraire, le sol s'érode, il se forme de petites rayures, des ravines minuscules qui massent l'eau dans des lignes de thalweg qui se creusent de plus en plus et vers lesquelles convergent bientôt toutes les précipitations pluvieuses.

Grâce à cette accumulation, l'eau prend des vitesses croissantes, la durée de contact avec les surfaces d'absorption est diminuée et par suite l'infiltration.

Sur terre gazonnée la ravinement serait, il est vrai évité ; l'infiltration pourra être parfois plus importante que sur terre nue, mais toujours moindre que sur terre engravée et grâce à la transpiration du gazon, les eaux infiltrées seront reprises par l'atmosphère au lieu d'alimenter les sources.

L'analyse des phénomènes en jeu eût donc fait prévoir la bienfaisante influence d'un revêtement de pierraille.

Dans les applications qui seront faites, les résultats seront vraisemblablement plus accentués encore que ne l'indiquent les chiffres ci-dessus ; car ainsi que nous l'avons déjà fait observer ; pour le ruisseloir à terre nue, nous avons inscrit comme eaux d'infiltration beaucoup d'eaux troubles ayant pénétré par des crevasses, et qui en réalité n'étaient point des eaux d'infiltration.

L'accroissement d'épaisseur du revêtement caillouteux contribuera d'autre part à réduire l'évaporation et à accroître l'infiltration.

L'on peut par suite espérer, grâce à l'emploi d'un mince revêtement dénué de capillarité faire sourdre des sources sur les flancs des montagnes. Nous étudierons ultérieurement les conditions favorables au succès de ces entreprises et décrirons une installation.

Opinions anciennes sur les terrains caillouteux.

Les anciens n'ignoraient point les effets bienfaisants des pierrailles, Pline parle d'un agriculteur étranger qui dans le territoire de Syracuse fut obligé de rapporter dans son champ la pierre qu'il en avait extraite, et dont l'ablation lui avait fait perdre sa récolte[1].

Olivier de Serres dit qu'une terre à vigne doit être mêlée plutôt de pierres et graviers que n'en avoir aucun.

Odart recommande le revêtement en pierrailles ou pierres brisées tout particulièrement pour les vins blancs, puisqu'il produira, dit cet illustre ampélographe, vigueur de végétation, abondance et excellence du produit, préservation de la pourriture du raisin et de cette dégoûtante maladie la graisse. Chacun sait d'autre part que grande est la quantité de pierrailles dans plusieurs des crus les plus renommés de France. » La proportion serait, d'après Petit Lafitte, de 38 pour 100 pour le St-Emilion ; 42 pour 100 dans les Graves, 55 pour 100 pour le Château Yquem, 71 pour 100 pour le Lafitte de Paulliac[2].

Ainsi qu'on le voit l'influence bienfaisante des cailloux dans les terrains à vigne est un fait universellement reconnu. Il s'agit ici d'effets multiples dont l'analyse nous entraînerait fort loin. Bornons-nous à dire, que depuis que Müntz a démontré, que le moelleux des vins n'était obtenu qu'à extrême maturité, on peut admettre vraisemblablement, que dans les terrains caillouteux, la réverbération solaire accélère la maturité des raisins et que de ce seul fait les vins obtenus sont plus fins. Est-il nécessaire de prendre en outre en considération et la nature calcaire ou siliceuse des pierres, et la variation de perméabilité due à leur présence, c'est chose probable. Cette influence bienfaisante ne se limite d'ailleurs point aux vignobles, elle est d'ordre beaucoup plus général.

Se désempeirès empeiraras, dit la sagesse du paysan toulousain en parlant des luzernières ; autrement dit, si tu enlèves la pierraille de tes champs de luzerne, tu l'y remettra plus tard, voyant que tes récoltes ont diminué. Il s'agit là vraisemblablement d'une diminution de la perte d'eau par évaporation, ce qui contribue à accroître la production du fourrage.

D'autre part, il est dit dans Foëx (*Cours complet de Viticulture*, p. 370) : « Pour combattre l'excès de sécheresse et de chaleur, le Valaisan recouvre ses

1. L. Portes et Ruyssen, *Traité de la Vigne*, p. 527-529.
2. Id., *loc. cit.*, p. 527-529.

terrains inclinés de montagne d'une épaisse couche de pierres de schistes lamellaires, puis irrigue deux fois, l'été. Grâce à ce revêtement, il évite les érosions, la dénudation du sol et obtient ainsi d'abondantes récoltes malgré des chaleurs excessives.

La pratique séculaire des champs a donc appris aux hommes : ici qu'un terrain pierreux était plus apte à produire de meilleurs vins, grâce à la réverbération plus grande des pierres ; là que la production fourragère était accrue, ailleurs enfin qu'un revêtement caillouteux empêche les érosions des versants inclinés ».

Les résultats de nos propres expériences ne sont donc que la confirmation de faits déjà connus ; mais, il était bon de donner la mesure de la grande économie d'eau et sur terrain plat et sur versant incliné, qu'un très mince revêtement permet de réaliser.

Immenses sont sur tous les points du globe, les régions à terrains caillouteux qui souffrent fréquemment de la pénurie des pluies. Dans le seul trajet Alger-Tunis, la voie ferrée traverse, sur des centaines de kilomètres, des terres de cette nature. Tout nous donne à penser qu'il suffirait de réduire l'évaporation spontanée du sol pour accroître considérablement et la production fourragère et celle des céréales. Pour ce, il faut ramener à la surface, à l'aide d'appareils de labour appropriés, partie des pierres disséminées dans le terrain. L'on a cru jusqu'ici que l'agriculture moderne, en substituant à l'araire romain des charrues à versoirs beaucoup plus développés, avait réalisé partout un énorme progrès. Peut-être bien n'en est-il point réellement ainsi dans les régions peu pluvieuses. Sous l'action des pluies, la terre labourée s'effondre, se tasse ; seules les pierres surgissent et doivent finir par s'accumuler à la surface du champ, si le sol est remué avec des araires. Tout au contraire, les charrues à versoirs très accentués les entraînent à nouveau à chaque labour au fond du sillon.

Cette question nous paraissant être de la plus haute importance pour l'avenir d'une grande partie de notre immense empire africain : Hauts-Plateaux, Sahara, Sénégal, etc., nous avons construit divers types d'appareils spéciaux de labour dénommés par nous charrues *Exolithe*, ces appareils diffèrent de la charrue arrache pommes-de-terre en ce sens que le travail de dislocation, de pulvérisation, de criblage réalisé est beaucoup plus parfait.

Grâce à ces charrues l'on pourra sans doute mettre en culture bien des régions situées sur les confins des zones désertiques, que le faible contingent ordinaire des pluies, relativement à l'activité de l'évaporation obligeait à délaisser.

Ce revêtement caillouteux, en même temps qu'il accroîtra la quantité d'eau laissée à la disposition des graines ensemencées, des plants piqués dans le sillon tracé par un petit buttoir, diminuera considérablement la production des herbes adventices ; d'où nouvelle cause importante d'accroissement des récoltes, les engrais de la terre n'étant plus consommés par les mauvaises herbes et la nitrification pouvant même être accrue : grâce à la persistance de l'humidité superficielle, au retard dans la formation d'une croute dure.

L'emploi de ces manteaux se trouve également tout indiqué en terrains cailloutoux, pour les cultures arbustives : olivier, caroubier, figuier, etc. Appliqués à la vigne, les bénéfices qu'ils donneront seront vraisemblablement plus marqués encore.

Si le terrain est assez pierreux pour que deux ou trois labours de profondeur modérée ramènent à la surface cinq à dix centimètres de pierraille l'on obtiendra du même coup les résultats suivants :

1° Récoltes abondantes, même dans les années sèches ;

2° Economie de plusieurs labours annuels ;

3° Grande facilité d'entretien du sol en bon état de propreté ;

4° Maturité beaucoup plus précoce, si l'on fait courir les pampres rez le sol ;

5° Suppression ou peu s'en faut des soufrages ; l'oïdium ne pouvant résister rez le sol au rayonnement de la terre ainsi que le savent tous les vignerons et mieux encore à la réverbération de la pierraille blanchie, si besoin est, d'un lait de chaux.

Peut-être bien aussi d'autres maladies cryptogamiques telles que : mildew, black rot, pourriture grise, etc., seraient-elles enrayées en régions peu pluvieuses.

Enfin les revêtements de pierraille trouveront un champ d'application fort vaste dans la création des sources en tous pays. Il va de soi que le point essentiel sera de les réaliser au moindre prix coûtant.

En certains cas, il pourra être plus avantageux d'opérer par charroi. Les pierrailles et graviers de nos oueds, de nos plages, de nos cônes de déjection, de nos gravières, de nos éboulis, peuvent en régions sèches rendre de grands services et faciliter beaucoup le boisement.

La tendance actuelle des agriculteurs, ou plutôt de leurs fournisseurs, est d'enrichir chaque jour la pharmacopée des végétaux, de quelque drogue nouvelle de quelque produit chimique, extra raffiné, pur et surtout coûteux, et nous sommes entrés si profondément dans cette voie que le vigneron, notamment, travaille beaucoup trop au profit des usiniers de produis chimiques et trop peu pour lui-même. Il serait vraiment temps que l'on s'arrête dans cette voie ruineuse, que l'on mette plus largement à contribution : et les forces vives que la nature nous prodigue sans compter (les radiations solaires notamment dans notre lutte contre les cryptogames), et les antiques pratiques culturales que notre trop savante agronomie ou nos trop ingénieux industriels ont relégué aux oubliettes.

Un mot encore, avant de clore ce chapitre.

Supposons un échec : les pluies ont été si dérisoires que le blé, l'orge ensemencés dans les rayures du cailloutis n'ont point donné de récolte. Ce cailloutis va néanmoins persister, 10, 20, 30 ans ou plus avant d'être colmaté. Pendant ce même laps de temps, l'évaporation étant diminuée, le terrain sous-jacent verra accroître sa fraîcheur, son humidité, et de chaque sillon jailliront des plantes vigoureuses et même un bon pâturage si on a soin de l'expurger des herbes sans valeur.

Concluons donc que même en cas d'échec en première année, grand et durable pourra être le profit si la dépense engagée a consisté en simples labours et a été par suite minime. C'est par une citation des plus encourageantes pour l'avenir des idées que nous venons de développer, citation empruntée à notre grand agronome,

Olivier de Serres, que nous clôturerons ce chapitre : « *Le terroir de la Sicile estant descheu par trop curieux espierrement, fut restauré quand, par décret public, y furent remises des menues pierres* ».

Nous inclinons à croire que cette même pratique quelque peu perfectionnée produira de grands résultats en bien des régions du globe et notamment dans notre empire africain.

Suralimentation des terrains perméables à l'aide des eaux de ruissellement de la saison pluvieuse

Inondation périodique des affleurements graveleux, sablonneux des plaines et vallées.

L'œuvre essentielle de la régénération hydrologique des régions arides consiste semble-t-il à emmagasiner dans les sables et graviers des vallées, dans les roches poreuses des montagnes, les ruissellements de la saison pluvieuse, au lieu de les laisser se jeter inutilement dans la mer ou dans les bas-fonds saumâtres dénommés chott's.

Dans la suite des siècles les eaux de pluie ont dans tous les pays à période annuelle de sécheresse prolongée, à ciel lumineux, à grosses pluies d'orage, modelé les terrains ou, pour parler plus net, brutalement corrodé le sol de profondes découpures, de telle sorte que les eaux du ciel tendent notamment dans les régions accidentées, dès qu'elles ont touché terre, à se précipiter par les lignes de moindre parcours, par les lignes de plus grande pente, en flots impétueux doués du maximum de puissance, de transport et d'érosion.

Ce lacis de ravins, de ravines, de thalwegs, profondément encaissés, a pour effet de réduire au minimum l'infiltration dans le sol, et joue le rôle d'un réseau de très prompte asséchement.

C'est à l'homme que revient le soin de substituer à ce gaspillage sauvage des eaux de pluies, une prévoyante distribution dans les entrailles du sol.

A ces écoulements désordonnés, vertigineux, en flots dévastateurs, il nous faut, partout ou faire se peut, substituer un écoulement très ralenti, en nappes étendues, tel qu'il se produit dès que l'eau a pénétré dans les interstices des terrains.

Grâce à ce mouvement ralenti, partie des eaux d'hiver ne sourdra plus sur les versants de nos montagnes, dans le lit de nos vallées, qu'après de longs retards et pourra être mis à profit pendant la saison sèche pour assurer et accroître nos récoltes.

L'utilisation systématique de la capacité d'emmagasinement des terrains perméables est donc bien la base même de la mise en valeur des régions steppiennes.

Suivant topographie de la région, degré de perméabilité des terrains, on procèdera par voie d'inondation, d'irrigation, à l'aide de multiples fossés traversant les affleurements perméables, ou par submersion de quelque durée obtenue en retenant les eaux à l'aide de simples levées en terre.

Capacité de libre écoulement des alluvions.

Pour faire ressortir nettement quels grands accroissements des débits d'étiage acquerraient nos oueds, du fait de la copieuse irrigation et mieux encore de la submersion d'une partie de leurs vallées à l'aide des eaux surabondantes d'hiver, il nous faut compléter les indications que nous avons données sur les capacités hydrauliques des divers terrains.

Remplissons de sable sec et fin un cube de 1 mètre de côté, il va absorber 420 litres d'eau, soit 42 pour 100 du volume du sable.

Ce chiffre représente la capacité totale ou de saturation. Perforons la base de ce cube de multiples petits trous et laissons ressuyer le massif, il va s'écouler 200 litres d'eau, soit 20 pour 100 ; nous appellerons cette quantité : capacité de libre écoulement.

Grâce à l'adhérence pour les grains de sable des pellicules d'eau qui les enveloppent, le massif conservera 210 litres de liquide, soit 21 pour 100, quantité que nous avons dénommée antérieurement capacité de retenue.

Seule, l'eau de libre écoulement peut contribuer à l'alimentation des sources. Par contre, l'eau de retenue ne peut être reprise que par l'évaporation du sol, par la transpiration des plantes ; et c'est grâce à elle que, malgré l'espacement des pluies et la perméabilité du sol, les terres végétales donnent de bonnes récoltes.

Les chiffres ci-après donnent les valeurs de ces capacités pour divers terrains :

	CAPACITÉ totale ou de saturation	CAPACITÉ de libre écoulement	CAPACITÉ de retenue
	pour cent	pour cent	pour cent
1 — Menus graviers de 5 à 11 millimètres de côté.	44	39.8	4,2
2 — Très gros sable de 2 à 5 millimètres de côté.	40	34.0	6,0
3 — Sable fin calcaire, de plage..................	41	20.0	21.0
4 — Terre argilo-siliceuse........................	50	16.5	33.5
5 — Mélange à parties égales de menus graviers et de sable fin calcaire...................	29	15.0	14.0

L'on voit par ces chiffres que la terre végétale elle-même peut donner lieu à des écoulements souterrains importants ; mais en raison du très lent cheminement des eaux entre ses interstices la submersion devra être de très longue durée, et suivant composition du sol, nature des eaux, un prompt colmatage est à craindre. Par contre, et en raison même de la lenteur d'écoulement dans ces terrains, les zones d'inondation pourront être bien plus proches des berges que dans les alluvions graveleuses.

L'on voit en outre par ces chiffres que la grande capacité de libre écoulement des graviers est singulièrement réduite dès qu'ils sont mélangés de sable fin, et cependant dans l'échantillon n° 5 nous n'avions mélangé que du sable pur et du gravier pur, préalablement bien lavés puis séchés.

Finalement, pour nous placer dans des conditions de sécurité absolue, et bien que les auteurs qui ont effleuré ce sujet, sans l'approfondir, aient adopté 20 pour 100 comme vide disponible dans les terrains d'alluvion, nous établirons nos calculs sur le coefficient 12 pour 100 comme capacité de libre écoulement.

Supposons que l'oued dont nous voulons accroître le débit d'été coule dans une vallée dont les alluvions ont trois mètres d'épaisseur au-dessus de la ligne de thalweg, ce qui est très modeste. Chaque hectare de terrain pourra absorber 10,000 × 3 × 0,29 soit 8,700 mètres cubes d'eau, si le terrain a été entièrement asséché par les végétaux, à la suite d'une longue période de sécheresse, et sur cette masse d'eau 3,600 mètres cubes pourront cheminer dans le sol et s'écouler vers la ligne de thalweg la plus voisine.

L'irrigation à saturation de 280 hectares de terrain graveleux ou sablonneux donnera lieu à un emmagasinement de 1,000,000 de mètres cubes d'eaux souterraines susceptibles de circuler souterrainement au profit des riverains situés à l'aval.

Pour se rendre compte de la distance à laquelle la zone de submersion ou de surirrigation devra être des berges de l'oued, on pourrait creuser quelques puits ou encore utiliser les puits existants, faciles à alimenter pendant les pluies d'hiver.

A jour dit, l'on additionnera les eaux d'alimentation de fluorescéine ou de tout autre liquide inoffensif doué d'un très grand pouvoir colorant.

En prélevant à intervalles réguliers des échantillons d'eau dans les puits voisins, on verra quel temps a mis l'eau colorée ou fluorescente pour parcourir un trajet déterminé ; l'on en déduira la vitesse et finalement la distance à adopter[1]

De tout ceci, l'on peut conclure que grâce à quelques barrages de dérivation, destinés aux irrigations d'hiver, on peut améliorer très sensiblement le régime d'été de nos oueds ; les terrains irrigués seront de préférence couverts de cultures arbustives : ils donneront en raison de la fraîcheur du sol et de la masse d'engrais apportée par les eaux de crue, d'abondantes récoltes.

Etangs d'absorption

Le plus fréquemment, c'est aux étangs d'absorption, que l'on sera amené à donner la préférence en raison de la très minime dépense qu'ils nécessitent, de la sécurité qu'ils offrent et du grand parcours que les eaux infiltrées ont à faire avant de sourdre dans les thalwegs voisins ; ces étangs pouvant être placés très loin de toute déclivité.

Dans notre mémoire, *Note sur l'aménagement des eaux*, nous avons décrit dans tous leurs détails deux ouvrages de ce genre créés par nous, l'un à Cap Khala, en 1883 ; l'autre à Maïnis, en 1896, sur le littoral, à l'ouest de Ténès. Cette brochure n'ayant eu qu'une très médiocre publicité il nous paraît utile, pour éviter toute hésitation dans l'esprit du lecteur qui désirerait faire application de ces systèmes, de reproduire ici la description de ces ouvrages.

1. Voir à ce sujet, E. S. Auscher, *L'art de découvrir les sources et de les capter*, p. 289.

Création d'une source à Cap Khala et d'un étang d'absorption à Maïnis près Ténès.

« En 1883, nous eûmes à créer une ferme à 14 kilomètres à l'ouest de Ténès, au lieu dit Cap Khala, sur le bord de la mer. La source la plus proche était fort éloignée et d'un débit minime. Notre premier soin fut de rechercher dans le sous-sol les eaux nécessaires à l'exploitation de la ferme : quatorze puits de 10 à 25 mètres de profondeur furent successivement creusés dans un rayon de mille mètres, dans les points les mieux choisis.

« Aucun d'eux ne donna de résultat appréciable : dans tous, les suintements recueillis étaient sans importance : dans tous, l'eau était plus ou moins saumâtre. Il fut dès lors évident qu'il fallait chercher autre chose.

« Partant de ce fait, qu'ici comme en tous pays, les ravins, après chaque pluie, débitent des quantités importantes d'eau douce, il nous parut que la solution la plus logique consisterait à masser la plus grande quantité d'eau possible sur un terrain déterminé, à l'abreuver jusqu'à sursaturation, c'est-à-dire jusqu'à production de sources.

« A l'aide d'un petit fossé, les eaux des ravins avoisinants furent dirigées vers la ferme, puis reçues là sur un terrain peu déclive, sur lequel avaient été élevés des bourrelets de terre de 1 mètre de hauteur. L'eau après avoir rempli un des bassins ainsi formés, s'écoule par le trop plein dans celui d'aval, et ainsi de suite.

« Chaque année, ces bassins sont labourés. Le labour a pour but d'accroître la perméabilité superficielle, de faciliter la pénétration des eaux dans les profondeurs du sol.

« Pour faciliter l'assèchement de ces bassin, un drainage fut établi à travers. Ce drain aboutit à un puits de 7 à 8 mètres de profondeur qui pénètre dans une roche perméable. C'est elle qui constitue le véritable réservoir.

« Les bassins n'ont d'autre destination que de retenir provisoirement les eaux et de prolonger la période de fonctionnement de ce puits ou boit-tout. Peu à peu les eaux de drainage des bassins ont saturé ce banc de calcaire sablonneux et, quelques mois après, des suintements se manifestaient sur les pentes voisines. Un petit fossé collecteur fut creusé suivant la ligne des suintements et les dirigea tous sur un point ; la source était créée.

« Le procédé consiste en somme à saturer d'eau un terrain convenablement choisi.

« Les travaux à exécuter sont les suivants :

« 1° Ayant fait choix d'un terrain peu déclive, situé dans le voisinage d'un ravin ou d'une dépression et recélant dans ses profondeurs un ou plusieurs bancs alternativement perméables et imperméables, il faut le limiter par des bourrelets de terre, tracés suivant des courbes de niveau, de façon à créer la plus vaste capacité possible avec le minimum de dépenses.

« Moins le terrain aura de pente, moindre sera le coût, les bourrelets étant moins nombreux. Ce premier travail est en tout semblable à celui qu'on exécute dans le midi de la France, pour la submersion des vignes ;

« 2° Si la couche de terre végétale est peu perméable, l'on accroîtra sa capacité d'absorption par un labour annuel ; de plus, on creusera une ou plusieurs lignes de drains espacés de 10 à 20 mètres et aboutissant en un point du bassin inférieur.

« 3° En ce point, on creusera un puits que l'on descendra jusqu'au terrain perméable ;

« 4° Un fossé dérivera sur ces bassins les eaux débitées par les ravins avoisinants, pendant la saison des pluies ;

« 5° Après un ou deux hivers, l'on verra le plus souvent des suintements se produire sur les pentes situées à l'aval ; on réunira ces suintements par un drain qui les dirigera sur le point où l'on veut créer fontaines et abreuvoirs.

« Le succès n'est pas certain. Il peut se faire que les eaux descendent dans les profondeurs du sol sans venir sourdre à la surface ; il peut encore se faire que les eaux obtenues soient saumâtres, c'est ce qui nous arriva. Pendant les premiers étés, elles étaient à peine acceptables pour le bétail ; depuis elles sont devenues bien meilleures. Il ne faut donc point que la salure du sol soit considérée comme un obstacle insurmontable.

« Enfin, dernière observation. Si des suintements existent, ne serait-ce que pendant l'hiver dans les parages où l'on voudrait créer une source, il y a lieu de tenir grand compte de cette indication. Le sol réunit partie tout au moins des conditions propres à leur existence, il faut l'abreuver, le saturer d'eau et on réussira dans bien des cas à transformer ces suintements éphémères en une véritable source intarissable.

« Nous avons supposé jusqu'ici qu'il était toujours possible de trouver une dépression, un ravin à proximité, et que la source sourdrait sur les flancs de ces déclivités ; or, il peut se faire que le terrain soit absolument plat, qu'il ne présente aucun ravinement de quelque importance. En ce cas, au lieu de créer une source, c'est-à-dire un filet d'eau émergeant du sol, nous capterons, à l'aide d'un puits, les eaux que nous y avons emmagasinées. La seule condition absolument indispensable est que le terrain ne soit pas indéfiniment perméable ou encore imperméable sur une trop grande profondeur. Ainsi, suivant le cas nous engendrerons des sources où nous assurerons l'alimentation des puits ».

En 1896-1897 nous avons fait une deuxième application de ces mêmes principes et avons aménagé près notre ferme des Maïnis un étang d'absorption de 200 mètres de long sur 100 mètres de large, dont la digue principale a 3 m. 25 de hauteur.

Les eaux de l'oued Maïnis sont dérivées vers ce bassin de deux hectares de superficie dont la capacité était au début, avant tout colmatage, de 25,000 mètres cubes. Pendant les années pluvieuses cet étang se remplit plusieurs fois, ce qui donne lieu à des infiltrations considérables pouvant atteindre et même dépasser cent mille mètres cubes. Le niveau phréatique s'est relevé dans les terrains avoisinants, notamment dans une noria située à trois cents mètres à l'aval de l'étang, il nous est devenu possible d'extraire de ce puits une grande quantité d'eau en été. En outre les terrains sont devenus plus frais et les récoltes plus abondantes.

Enfin, un filet d'eau important sourd dans le lit de l'oued Maïnis ; malheureusement le point d'émersion est trop bas et trop proche du bord de mer pour qu'il nous soit possible par simple dérivation d'irriguer des terres.

Il eût été certes bien préférable de placer cet étang, non à quatre cents mètres du bord de mer, mais bien à un kilomètre et plus. Mais cette vallée est très petite, et, d'autre part, les terrains en amont étaient déjà plantés en vigne lorsque nous comprimes qu'en cette aride région c'était à l'homme qu'il appartenait : de créer les sources et d'alimenter les puits et les nappes aquifères.

L'on ne saurait contester l'extrême simplicité de ces ouvrages, la sécurité qu'ils offrent en raison de leur situation non sur les lignes de thalweg ; mais bien à bonne distance sur les rives, le ralentissement considérable qu'ils occasionnent dans l'écoulement des eaux, pour peu qu'on les place à 500 mètres à 1,000 mètres de la dépression la plus proche. C'est au minimum ce même parcours que les eaux auront à faire au sein de la terre avant de sourdre sur les flancs ou au fond de cette dépression. « Or, la vitesse des eaux dans les terrains perméables peut se trouver réduite à des centièmes ou des millièmes de millimètres, à des fractions plus petites encore pour des sables très fins[1]. » Admettons une vitesse de 0 m/m 01, l'eau parcourra en 24 heures 0 m. 864 soit moins de 1 mètre : ce n'est donc qu'après plusieurs mois qu'elle apparaîtra au jour si on le désire, à condition, bien entendu, que l'on ait tenu compte de la porosité réelle des bancs aquifères utilisés.

Il eût dû semble-t-il, depuis 1891, date de notre première publication sur ce sujet dans les journaux quotidiens d'Alger, être fait mille applications de ce système, dans le Sud algérien tout au moins. Il n'en a rien été, malgré le très bienveillant accueil qui lui firent successivement MM. les gouverneurs généraux Cambon, Laferrière et Revoil. Mais il ne s'agit là que d'un retard regrettable ; ce système s'imposera sûrement, maintenant surtout qu'il se trouve irrévocablement établi, par les observations d'Ototsky de Tolsky et de l'Administration des Eaux et Forêts de France, que le boisement fait baisser le niveau phréatique des plaines et est par suite un excellent moyen non pour créer les sources mais pour les tarir.

Jusqu'en décembre 1906, nous avions cru être non le véritable auteur de ce procédé ; il a dû, en raison de l'extrême simplicité de sa conception, naître spontanément dans l'esprit de tous ceux qui ont eu à étudier ces questions ; mais tout au moins, en avoir fait le premier application. Grande était notre erreur, mais plus grande encore a été notre satisfaction en devinant, à la lecture de l'*Enquête sur les Installations hydrauliques romaines en Tunisie*, que nos prédécesseurs sur cette terre d'Afrique ont édifié d'innombrables barrages, bassins et puits dont les vestiges, énigmatiques à première vue, ne sont autres à notre avis que des barrages et des bassins d'absorption, des puits bois-tout destinés à créer des sources ou à assurer l'alimentation copieuse des galeries de drainage et des puits pratiqués à l'aval des zones d'absorption.

Les exemples que nous citerons justifieront, croyons-nous, notre thèse : mais il

1. J. Dupuit. *Traité de la Conduite et de la Distribution des eaux*, p. 31.

nous faut, au préalable, rechercher quelles étaient les conditions climatériques de la Bysacène pendant l'occupation romaine.

Installations hydrauliques romaines en Tunisie. Citernes, impluviums.

Bien des faits tendent à établir que la pluviosité était tout aussi défectueuse qu'à l'époque actuelle, si même les pluies n'étaient encore moindres. Dans toutes les régions actuellement arides qui ont été occupées par les Romains, chaque vestige d'habitation est révélé par une ou plusieurs citernes, et le plus souvent il n'y a pas trace d'aqueduc ; c'est donc que les habitants ne disposaient point de sources pérennes dans leur voisinage.

L'importance des ouvrages destinés à diriger vers les citernes ou bassins les ruissellements de la saison pluvieuse, corrobore cette présomption de pénurie des sources.

Sur le versant nord-ouest du djebel M'Rabba, les Romains avaient établi deux immenses murs de 500 mètres de long sur 1 mètre de large, tracés suivant des courbes de très faible inclinaison qui dirigeaient les eaux vers deux citernes de 4,000 mètres cubes de capacité. Ces murs étaient longés par une aire en ciment de tuileaux servant de radier d'adduction. Ils étaient distants l'un de l'autre de 40 mètres et dérivaient les ruissellements d'une surface d'environ 10 hectares [1].

Sur la piste de Gafsa à Kairouan, bassin ovale de 50 et 40 mètres de diamètre dans lequel était dérivé, par un mur en blocage de 352 mètres de long, les eaux pluviales tombant sur une aire inclinée vers ce mur (t. I, p. 193).

A l'époque romaine les hauteurs longeant l'oued Zemoun étaient armées de murs tracés suivant des lignes de niveau, destinés vraisemblablement à recueillir les eaux de ruissellement (p. 206).

Sur les flancs nord-ouest du djebel Ledjbel, même constatation (p. 284).

Au nord d'Aïn-Baïda existe un aqueduc de 2,150 mètres qui était alimenté par les eaux pluviales ruisselant sur les pentes rocheuses qui dominent à l'Est (t. II, p. 147).

A Abd-el-Hay, longs murs en maçonnerie, élevés suivant les lignes de plus grande pente des versants rocailleux, recoupés de distance en distance par d'autres murs à rez de terre, tracés suivant des lignes de faible inclinaison, murs dans l'épaisseur desquels est ménagée une rigole. Ces rigoles dirigeaient les eaux et sur les citernes et sur les terrains à irriguer.

Inutile de multiplier à l'infini ces citations, celles données ci-dessus sont plus que suffisantes pour démontrer avec quel soin étaient recueillis les ruissellements. Signalons toutefois, avant de clore ce sujet, l'impluvium de Fesguia Goulla, grand réservoir rectangulaire de 48 mètres de long sur 2m,50 de large et 8 mètres de profondeur, entouré d'une plate-forme rectangulaire maçonnée de 70 mètres sur 25, dont les pentes sont dirigées vers le centre. Cette plate-forme recevait les eaux météoriques et les emmagasinait dans le reservoir (t. II, p. 21).

Cet impluvium a été récemment restauré, ce qui a permis, aux populations de la frontière tripolitaine, de labourer à nouveau et ensemencer des terres

1. Enquête sur les installations Romaines en Tunisie (t. I, p. 138).

laissées à l'abandon depuis plusieurs siècles sans doute, faute d'entretien de cet ouvrage.

Nous retrouvons donc là à 2000 ans d'intervalle la situation météorique qui avait amené nos prédécesseurs à édifier cet impluvium.

Puits profonds

La pénurie des précipitations pluvieuses, le très minime contingent d'infiltration auquel elles donnaient lieu, résulte aussi de la grande profondeur des puits romains reconnus en certaines régions.

A Bir-et-Jelaïa (région de El-Ayaïcha), puits de 50 mètres de profondeur (t. II, p. 153).

Dans le lit de l'oued Somaa, région de Sidi-Aïch, Bir-Djedid, 57 mètres de profondeur. Bir-Guettis, 51 mètres (t. II, p. 156). Bir-Mebbridès, 45 mètres. Bir-Sonaï, 35 mètres (p. 138). Bir-el-Rebbaï, 50 mètres de profondeur (p. 209).

Barrages sur les ravins en montagnes.

Le grand nombre de barrages qu'ils avaient établis sur les lits des ravins, tend aux mêmes conclusions ; les oueds descendant des flancs du djebel Chouabine sont tous barrés au moyen de séries de petits murs en pierres sèches quelquefois rapprochés jusqu'à 6, 8 mètres les uns des autres (t. II, p. 161).

Multiplicité des drainages romains.

Mais ce qui caractérise d'une façon très nette la pénurie des eaux courantes de surface à l'époque romaine, c'est le nombre considérable des galeries de drainages souterrains qu'ils établirent pour récolter quelque peu d'eau.

A Sidi-Nasseur-Allah, tunnel de 767 mètres de long, s'enfonçant à 35 mètres de profondeur en plein roc, avec regards ayant jusqu'à 33 mètres de profondeur (t. I, p. 313).

Sans nous attarder à donner ici l'énumération de tous les travaux de ce genre que décrit l'*Enquête*, bornons-nous à signaler l'œuvre la plus intéressante, la plus importante, la plus merveilleuse de toutes par son ampleur et son ingéniosité.

L'alimentation en eau potable de la ville de Sousse était obtenue en partie, grâce à un aqueduc souterrain de 4,252 mètres de long dont 880 mètres de galerie filtrante, située à 12 et 15 mètres de profondeur sous le lit de l'oued Kharroub. Aqueduc et tunnel ont été restaurés et fonctionnent, ce qui a permis de reconnaître combien était minime la quantité d'eau dérivée par ce très important ouvrage sur le parcours duquel existent 96 regards, dont 21 de 11 à 15 mètres de profondeur servant en même temps de puits filtrants.

C'est par un tout petit dalot de 0 m. 20 sur 0 m. 30, ménagé sous le radier du tunnel qu'étaient conduites les eaux.

Seize citernes de 39 mètres de long sur 7 mètres recevant des eaux de ruissellement contribuaient aussi à l'alimentation de l'antique Hadrumète. Ainsi que le fait justement observer M. l'ingénieur A. Gresse auquel l'on doit la réfection de cette canalisation : « La pénurie d'eau devait être assez angoissante les années sèches, pour que les Romains aient songé à creuser plus de 4,000 mètres de souterrain et à entreprendre de tels travaux afin de capter une faible nappe qui n'a pu à aucune époque être très abondante, la petite section du dalot d'amenée le démontre suffisamment. »

Abondance des eaux de certaines régions à l'époque romaine et aujourd'hui.

D'autre part, il convient de noter que, dans certaines régions, il y avait, de même qu'à cette heure, des eaux abondantes et que là on ne trouve pas de citernes, tel est le cas à Mactar de même qu'à Staïl (t. I, p. 152).

Du cap Négra à Nefza l'on rencontre actuellement plusieurs oueds qui ne tarissent point, tels ceux de Zouara, Melah, Madène, Bou-Zenna ; cependant l'on trouve en ces régions de nombreuses ruines de citernes. On pourrait être tenté de conclure que la pluviosité est plus grande à cette heure. Il nous paraît plus sage d'admettre que de tout temps l'homme à eu à se prémunir contre les périodes de sécheresse. L'Aïn-Saboun débite 400 litres à la seconde, ce débit correspond sensiblement aux dimensions de l'aqueduc monumental qui alimentait Mactaris, 0 m. 48 de large sur 0 m. 60 de profondeur (t. I, p. 147). Ici, encore, les fouilles ont révélé de très nombreuses citernes ; mais la même réserve que ci-dessus s'impose.

A Thélepte, actuellement Feriana, nombreuses citernes et trois importants aqueducs, Feriana Mamoura, El-Kiss. Le débit actuel des sources peut être estimée à 200 litres et est en rapport avec les sections des aqueducs.

Dans le bassin supérieur de la Siliana, les eaux sont abondantes, plusieurs oueds ont un cours permanent, rares sont les travaux hydrauliques que l'on y rencontre (p. 282).

L'Aïn-el-Kef débite 10,000 litres à la minute, d'après un jaugeage effectué en 1884, l'on trouve cependant là douze vastes citernes dont la capacité atteint 6,300 mètres cubes. Rien ici encore ne démontre que cette région était autrefois plus riche en eau.

Finalement, de tout ceci, il appert que si les Romains ont réussi à implanter dans la Byzacène nombre de grandes villes et une population très dense, ce n'est point que les conditions de pluviosité fussent autrefois plus favorables ; l'opinion adverse pourrait être soutenue plus aisément. La véritable cause de leur grand pouvoir de colonisateur c'est qu'ils avaient une plus large conception des travaux d'hydraulique.

Ils ne se bornaient point, comme nous l'avons fait jusqu'ici, à dériver à l'aide d'aqueducs les sources existantes, de capter à l'aide de galeries de drainage ou de puits, les eaux souterraines ; ils faisaient mieux, ils multipliaient les obstacles au libre ruissellement des eaux, les contraignaient à s'enfoncer dans le sol et créaient au *prorata* de leurs besoins les sources pérennes, les puits intarissables ainsi que nous allons l'établir.

Barrages, puits d'absorption romains.

A 4 kilomètres environ du ksar Oulad-Mahdi, la haute vallée de l'oued Zraïa est fermée par un barrage de 400 mètres de long sur 5 à 6 mètres de haut. Des extrémités du barrage partent des murailles remontant jusqu'au sommet des deux croupes voisines (t. I, p. 203).

A 15 kilomètres à l'ouest du village de Ghoumrassen, barrage de 1000 mètres de long et de 5 à 6 mètres de haut (t. I, p. 205).

En amont de l'aïn Lalla-Mezzouna, barrage de 60 mètres de long et 4 mètres de haut, formé de blocs énormes cimentés en partie seulement, de sorte que l'eau pouvait s'écouler par les interstices. Grâce à l'accroissement de la hauteur de retenue, les infiltrations étaient accrues.

A l'issue du barrage, l'eau tombait dans un vaste cirque de 1000 mètres de long, fermé par un deuxième barrage. A 1,800 mètres en contre-bas de la source, un puits d'origine romaine, actuellement sans eau (t. I, p. 256).

Très vraisemblablement le premier barrage contribuait à l'accroissement de la source, dont le débit actuel est disproportionné à la canalisation de 20 centimètres de large dont on trouve les vestiges, et l'infiltration due au deuxième, assurait l'alimentation du puits ci-dessus mentionné.

A 500 mètres au nord du barrage de l'oued Laoudj, levée de terre de 1000 mètres de long sur 10 mètres de large et 1 mètre de haut, vraisemblablement barrage d'absorption (t. I, p. 211).

Au sud de Kairouan, à 9 kilomètres environ de cette ville, au lieu dit Hammechir-el-Ouïba, vaste bassin en forme de quadrilataire irrégulier de 19,000 mètres carrés de surface, avec puits vers le centre (t. I, p. 268). Sur la coupe figurée, page 269, le radier de cet immense bassin est représenté, et cependant comment admettre l'étanchéité d'un mince revêtement de maçonnerie sur une étendue de terrain de près de 2 hectares ? Pourquoi, d'autre part, ce puits situé à plus de 50 mètres des bords et, par suite innaccessible, tant qu'il y a une goutte d'eau dans le bassin. Etait-ce un bois-tout destiné à laisser infiltrer en profondeur le trop-plein de cet immense réservoir ? Ou encore l'étanchéité du radier n'ayant pu être obtenue, cette vaste surface a-t-elle fonctionné, malgré les Romains, comme champ d'infiltration et les eaux enfouies ont-elles été mises ensuite à profit, grâce à ce puits : cette deuxième hypothèse est assez vraisemblable.

L'oued Zeroud passe dans le voisinage de ce bassin, son lit est plus élevé de 2 à 3 mètres que le radier de cet ouvrage. Pendant les crues d'hiver il était par suite aisé, grâce à une dérivation de faible longueur, d'approvisionner là une une réserve de 40 à 50,000 mètres cubes d'eau et de suralimenter le terrain sous-jacent.

A 800 mètres de Henchir-Arat, réservoir circulaire de 10 mètres de diamètre, 1 mètre de hauteur. A l'intérieur, autre réservoir circulaire concentrique de 4 mètres de diamètre, entièrement comblé (t. II, p. 64), il semblerait bien là que la capacité annulaire servait à la décantation, à l'approvisionnement, et que le réservoir central est en réalité un puits auquel était dévolue la fonction essentielle d'assurer l'infiltration en profondeur.

A 5 kilomètres à l'ouest de Sfax, barrage de 100 mètres de long sur 1 m. 20 de hauteur et 0 m. 80 d'épaisseur. Vu la très minime hauteur du barrage, sûrement nous avons à faire ici à un barrage d'absorption. Un mois après les pluies, une si faible hauteur de retenue d'eau s'évanouit, disparaît.

Dans une dépression qui longe les pentes ouest du djebel Halfa existe une succession de murs régulièrement espacés barrant toute la largeur de la dépression et destinés sans doute, dit l'enquêteur, à retenir... les terres !

Il nous paraît infiniment probable que cette série de barrages ne peut avoir d'autre justification que l'accroissement des infiltrations.

Sur la rive gauche de l'oued Douleb, débris d'un barrage qui, par l'intermédiaire d'un aqueduc de 1,500 mètres de long, alimentait un bassin rectangulaire de 100 mètres de long sur 80 mètres de large. Il serait du plus haut intérêt de pratiquer un sondage dans ce bassin à travers les vases qui l'encombrent, de voir à quelle profondeur se trouve le radier et mieux encore s'il en existe un.

Ne serait-ce point là un bassin d'absorption.

Disons ici incidemment qu'il est fort regrettable que la plupart des distingués collaborateurs de cette enquête se soient bornés à conjecturer que tel bassin, tel puits devait avoir 6 mètres, 8 mètres de profondeur. Mieux eût valu sûrement pratiquer un sondage à travers les limons, les dépôts, cela eût permis de voir qu'elle était la véritable destination de l'ouvrage et eût évité bien des méprises.

Grand aqueduc de Dougga. Son origine est à Aïn-el-Hammam au pied du Fedj-el-Adoun, cette source existe toujours. L'aqueduc est d'abord souterrain, il traverse ensuite un ravin sur un pont, puis redevient souterrain. Il franchit ensuite l'oued Mellah et replonge sous terre.

De nombreux regards établis sur son parcours permettent aisément d'en suivre le tracé.

A 150 mètres en amont du premier pont, un barrage existait qui servait, dit l'enquêteur, à modérer la vitesse de l'eau !

Notre avis est tout autre, ce barrage était un barrage d'infiltration qui n'avait nullement pour objet de modérer la vitesse de l'eau. Si l'aqueduc est souterrain c'est sans doute parce qu'il fonctionnait comme galerie de drainage, destinée au captage des eaux infiltrées grâce au barrage. Très nombreux, en effet sont les aqueducs que les Romains maintenaient souterrains, sous d'énormes parcours ; il serait bon qu'on examine attentivement leurs parois ; très vraisemblablement on trouverait qu'elles sont perforées de barbacanes incrustées et que ces prétendus aqueducs sont des galeries de drainage.

Les citernes de Chaouach étaient alimentées par deux aqueducs : celui d'Aïn-R'arem de 510 mètres de longueur totale en a 286 en souterrain, dont le parcours est repéré par cinq regards, le premier de 2 m. 40, le dernier de 12 m. 30 de profondeur (t. I, p. 132 à 134). La source qui alimentait cet aqueduc n'apparaît plus aujourd'hui, dit l'enquêteur. Très vraisemblablement elle n'a jamais existé. Il s'agit là sûrement d'un drainage. L'on ne descend point à 12 m. 30 sous terre pour capter une source apparente, mais l'on crée un filet d'eau grâce au drainage si l'on suralimente la zone drainée.

Le deuxième aqueduc, celui d'Aïn-Taïba de 665 mètres de long est entièrement souterrain et actuellement obstrué.

Ici encore nous devons avoir à faire non à un simple aqueduc de dérivation, mais à une canalisation jouant à la fois le rôle d'aqueduc et de galerie de drainage.

Il y a mieux, dans le cas actuel, c'est que ces deux dérivations qui aboutissent aux citernes du Chaouach devaient contribuer grâce aux infiltrations dues au trop-plein de ces citernes à la création, à la suralimentation des deux sources, Aïn-Menzel, Aïn-ben-Ahmed, situées toutes deux au milieu des ruines de la ville romaine.

T. II, p. 136. — A El-Haouareb, à 35 kilomètres à l'est de Kairouan et 30 kilomètres d'Hadjeb-el-Aïoun sur la rive droite de l'oued Marguellil, série d'aqueducs convergeant en un point unique, d'où on ne peut aller plus loin. Là, dit l'enquêteur, devait exister un grand réservoir dont toute trace a aujourd'hui disparu ! Nous croirions plutôt que là doit exister un puits d'absorption, destiné à l'infiltration en profondeur des ruissellements captés par ce réseau d'aqueducs.

T. II, p. 147. — A 6 kilomètres à l'ouest du Zaghouan, puits romain de 3 mètres de diamètre établi à la partie supérieure d'une vaste plaine. De ce puits part à 9 mètres de profondeur une conduite souterraine de 500 mètres de long aboutissant à un réservoir de 35 mètres de diamètre. Cette conduite souterraine était sans doute une galerie de drainage, assurant l'alimentation du puits en même temps que celle du réservoir. Peut-être même, pendant l'hiver ce bassin recevait d'abondantes eaux de ruissellement et les 500 mètres d'aqueduc souterrain servaient-ils à ce moment de bois-tout et assuraient ainsi la copieuse imbibition des terrains traversés.

Des déviations aussi brusques que celles que révèle le croquis de l'aqueduc double de Cherichera (p. 277) n'ont point d'autre explication possible.

Tout comme nous les Romains devaient travailler le plus économiquement possible ; ils n'eussent point placé un très grand nombre de leurs aqueducs à plusieurs mètres sous terre pour doubler et décupler parfois la dépense sans motifs impérieux.

« Plaine de Sidi-Ali-ben-Aoun.— Cette plaine n'offre aucun point d'eau : cependant les Romains y avaient établi d'assez nombreux centres et des exploitations agricoles. Comment obtenaient-ils de l'eau. Tout d'abord en y établissant des barrages que l'on rencontre dans tous les ravins des djebel El-Hafey, Zitoun et Sidi-Ali-ben-Aoun, souvent à *moins de 10 mètres* les uns des autres et qui, retenant les eaux des fortes pluies d'automne, les forçaient à imbiber les petites terrasses ménagées entre eux » (t. II, p. 33).

Le lieutenant Hovart, que nous venons de citer, a vu juste ; mais il est regrettable qu'il n'ait point cherché à l'aval de ces séries de barrages parallèles et très rapprochés les uns des autres : les puits, les galeries de drainage que les Romains ont surement dû établir à l'aval de ces barrages d'absorption.

Il y aurait lieu, en outre, de s'assurer, si les aqueducs de Bordj-el-Ancel dont on perd les traces sur plus de 6 kilomètres et l'aqueduc d'El-Ma-el-Haï qui disparaît pendant six kilomètres, ne sont point souterrains dans ces lacunes et ne recevaient l'afflux des eaux infiltrées dues à ces très nombreux barrages.

A Henchi-el-Fress, traces très nettes d'un barrage latéral de 200 mètres de long. A En-Nadour grand barrage de 50 m. de long *sur la rive droite* d'un oued et barrage de 30 mètres *sur la rive gauche* (t. II, p. 151). Ces barrages latéraux ne pouvaient évidemment retenir les eaux de l'oued. N'avaient-ils point pour destination la rétention provisoire des ruissellements des rives droite et gauche et l'accroissement des infiltrations latérales à l'oued ?

T. II, p. 61. — Dans la plaine de Ez-Zerf nombreuses traces de mur de soutènement pour empêcher — dit l'enquêteur — l'entraînement de la terre fine par les eaux de ruissellement ou d'irrigation. Cet objectif est inadmissible en plaine. Ici encore sans doute il s'agit de barrages d'absorption.

Réservoir circulaire de quatre mètres de diamètre dans le lit d'un oued. En amont existait un barrage en terre qui dérivait les eaux de l'oued dans une séguia d'environ 1 kilomètre de long dirigée vers le sud.

Ce même barrage ne contribuait-il point à alimenter ce prétendu réservoir de 4 mètres de diamètre qui doit être un puits ?

T. I, p. 201. — A 1.500 mètres en aval de Ras-Aïn-Morra, se trouvent les restes d'un vaste barrage de 200 mètres de long sur 5 mètres de haut en amont duquel on remarque une dépression de 1.000 mètres de long sur 12 mètres de large. Cette vaste dépression quelle pouvait en être l'usage sinon de servir de bassin d'absorption ?

Mais nous en avons dit suffisamment pour faire admettre la grande vraisemblance de notre hypothèse ; justifier l'utilité d'un complément d'enquête et la nécessité d'un travail d'ensemble sur les études déjà publiées, pour les compléter, les rectifier s'il y a lieu et enfin, car là est le point important, extraire de cette vaste enquête les conclusions qu'elle comporte. Il ne s'agit point seulement d'une œuvre de pure érudition, mais mieux encore d'une œuvre de colonisation pouvant contribuer grandement aux rapides progrès de l'agriculture tunisienne.

Ou nous nous trompons fort, ou cette reconstitution des méthodes romaines donnera de précieuses indications. L'on n'a point encore fait produire aux ouvrages restaurés le contingent d'eau qu'ils devaient donner autrefois. La restauration a été incomplète, l'on n'a point en effet réédifié les barrages d'absorption. Le plus grand nombre d'entre eux devait consister en simples levées de terre dont toute trace a disparu ; (il est aisé d'en fixer les emplacements en étudiant la topographie des terrains en amont des ouvrages de captage) et c'est pourquoi nombre de sources dont on retrouve les aqueducs ne coulent point, nombre de puits sont sans eau, nombre de galeries de drainage ont des débits réduits.

Tel doit être le cas de l'étonnant aqueduc souterrain de plus de 4,000 mètres de long qui draine l'oued Kharroub et alimente Sousse. Il y aurait lieu de réédifier l'ouvrage dont M. l'ingénieur Gresse a retrouvé quelques vestiges ; il y avait vraisemblablement là un barrage d'absorption lequel contribuait sans doute à accroître dans de notables proportions les infiltrations des alluvions de cet oued et par suite le débit des 850 mètres de galerie filtrante qui draine ces alluvions à 12 et 15 mètres de profondeur sous terre. Cette étude d'ensemble fera également ressortir l'extrême ingéniosité de nos prédécesseurs qui, mettant à profit et les sources spontanées et les sources artificielles et les eaux de ruissellement, combinaient leurs ouvrages en vue de l'utilisation intégrale des eaux disponibles sur tout le parcours des canalisations.

Au Djebel-Oust, deux réservoirs de 30×30×8, représentant un approvisionnement de près de 15,000 mètres cubes étaient accouplés. L'un recevait l'eau de ruissellement des versants rocheux qui dominent l'aqueduc de jonction de 400 mètres de longueur, et c'est précisément cet aqueduc qui formait mur d'impluvium en même temps qu'il servait à l'adduction du trop plein des eaux de source que le réservoir amont laissait échapper.

Ici encore la source a disparu, et il serait intéressant d'en rechercher la cause locale sans plus s'attarder à l'hypothèse stérilisante d'un ciel actuellement plus aride.

Enfin cette étude fera disparaître toute indécision sur la destination réelle de très nombreux ouvrages à destination énigmatique jusqu'ici. Il est fort regrettable qu'avant d'aborder leurs travaux MM. les enquêteurs n'aient point eu en main un tableau synoptique de toutes les combinaisons que l'homme peut imaginer pour faire naître l'eau là où les seules actions naturelles ne l'accumulent point en quantité suffisante pour qu'elle soit utilisable. Guidés par cette vue préalable d'ensemble, il leur eût été bien plus aisé de reconnaître la destination des ouvrages qu'ils ont décrits. La plupart des obscurités, des énigmes qui abondent dans cette enquête eussent disparu. L'on n'y verrait point un même ouvrage considéré par un auteur comme étant un barrage et par tel autre comme un mur d'enceinte. Tel est le cas cependant du grand mur sur l'oued Bel-Rechcb (t. 1, p. 31).

Causes diverses de la disparition de partie des sources et de l'assèchement des puits.

L'on a cru pouvoir conclure à l'assèchement progressif du climat tunisien depuis l'occupation romaine, en se basant sur ce fait indéniable que beaucoup de sources ont disparu. Nous venons ci-dessus d'indiquer une des causes de ces disparitions, mais il en est bien d'autres qu'il importe de prendre en considération pour ne point errer.

L'approfondissement des lignes de thalweg peut en certain cas être incriminé.

Le lit de l'oued Morra est actuellement à deux mètres en contre-bas des fondations du barrage (t. 1, p. 209).

Le grand élargissement des lits a pu également contribuer à l'assèchement des terrains aquifères. Du barrage d'Enchir-Saïd ne subsistent que les quatre vannes. Là, sans doute, ce ne sont point les ailes du barrage qui ont disparu mais bien les anciennes berges que les crues ont corrodées, élargies.

L'envahissement par la broussaille, la suppression des labours qui rétablissaient chaque année la perméabilité superficielle, le tassement séculaire par les eaux météoriques, ont, à pluies égales, diminué les infiltrations. Les mouvements sismiques ont pu, d'autre part, déplacer les points d'émergences des eaux vives. L'incrustation par les eaux calcaires ou séléniteuses des anciennes galeries de drainage a dû tranformer nombre d'entre elles en simples aqueducs ayant pour fonction exclusive à cette heure de conduire à l'aval les eaux qui sourdent à la tête amont. Ne sait-on point, en quel bref délai, des canalisations de gros diamètre originaire se rétrécissent, ne présentent bientôt plus qu'un chenal exigu avec des eaux incrustantes. Dès lors, il ne saurait paraître surprenant qu'après 2000 ans de fonctionnement le même effet se soit produit sur les parois des antiques draiages.

Pour clôturer ce chapitre, disons que finalement les Romains avaient profondément amélioré l'hydrologie de leur empire africain. Il nous faut comme première étape nous inspirer de leurs conceptions, de leurs ingénieuses combinaisons, restaurer leurs ouvrages, les multiplier ; puis, ce premier pas franchi, chose aisée, grâce à notre puissant outillage industriel, entreprendre résolument l'étude des divers modes d'accroissement des pluies.

Création des sources par décapage et suralimentation en montagne : des affleurements perméables, des fissures des roches, et des revêtements rocheux.

En même temps que grâce à la multiplication des étangs d'absorption, des champs d'infiltration situés à bonne distance des berges, on fera absorber chaque hiver d'énormes quantités d'eau de crue ou de ruissellement aux alluvions des plaines, aux roches perméables des plateaux, ce qui accroîtra dans de larges propositions les débits d'étiage de nos oueds ; que grâce à la construction de nombreux barrages réservoirs on retiendra dans les cirques de nos gorges d'importantes réserves pour les irrigations de printemps et d'été, l'on poursuivra en montagne la même œuvre de suralimentation des terrains perméables.

Rarement ici il sera possible de trouver des emplacements sur lesquels on puisse à peu de frais, à l'aide de simples levées de terre, faire de grandes retenues provisoires d'eau, ce qui permettrait une copieuse infiltration. Nous ne serons point désarmés ; mais il nous faudra recourir à des travaux un peu différents.

La première solution qui se présente à l'esprit est de recourir à de simples fossés de niveaux. Nous en avons fait l'essai, il y a plus de 10 ans, dans notre vignoble des Maïnis, sur des versants marneux. Grâce à la très faible perméabilité des marnes, aux faibles quantités d'eau ainsi retenues, à l'active reprise par les vents et le soleil, les résultats ont été médiocres ; ce qui nous a amené à conclure que la création des sources ne saurait être obtenue aussi simplement, sauf sans doute en terrains très perméables.

Si, sur les flancs d'une montagne ou au fond du ravin qu'elle domine, surgit une source, tant petite soit-elle, ou même un simple suintement de quelque durée, nous rechercherons soigneusement qu'elle est la zone de terrain qui l'alimente ; en raison : de sa plus grande perméabilité, de sa moindre inclinaison, de son revêtement pierreux ou rocheux, de son état de fissuration. Là, d'une part, nous accroîtrons les conditions de facile pénétration des eaux : en creusant quelques tranchées tracées suivant des courbes de niveau, en pratiquant quelques puits, quelques descenderies d'apsorption, en nettoyant avec soin les lignes séparatives des strates rocheuses, leurs diaclases, leurs failles.

D'autre part, à l'aide de petits fossés à très faible pente, nous dériverons sur ces zones d'emmagasinement provisoire les ruissellements des terrains supérieurs. En vue d'éviter le colmatage du terrain d'absorption, et pour ne point diminuer sa porosité, nous prendrons toutes les dispositions nécessaires pour que ces eaux d'alimentation soient limpides. Les dérivations en terrain boisé, celles des versants couverts d'un manteau de roches dénudées donneront spontanément ces eaux limpides. S'il est besoin, l'on revêtira de pierrailles sur 2 ou 3 mètres de de large le versant amont de chaque fossé.

En troisième lieu, l'on remplira de blocages les tranchées, les puits, les descenderies d'absorption, l'on garnira d'une couche de pierres le champ d'absorption aménagé et le versant qui le domine, ceci dans le triple but de ne recueillir que des eaux claires, de diminuer les pertes par évaporation et d'empêcher la contamination des eaux par les matières organiques qui pourraient s'accumuler dans les dépressions créées.

Il ne sera point superflu de rappeler ici qu'il est fort peu de terrains vraiment imperméables ; mais, en fait, dans les conditions naturelles ordinaires, et tout particulièrement en montagne, l'infiltration est dérisoire, même pendant les périodes pluvieuses prolongées, en dehors des terrains très perméables, et ce précisément en raison de l'extrême lenteur avec laquelle elle peut s'effectuer dans toutes les roches, dans toutes les terres à éléments très fins.

Ces roches ne captent au passage que de très minimes quantités d'eau, que l'atmosphère reprend promptement. Tout autres sont les conditions d'infiltration dans un terrain sillonné de tranchées remplies de blocages. Grâce aux vides qu'ils laissent et aux fossés d'adduction, la quantité d'eau retenue à chaque pluie est centuplée. Grâce à la protection contre l'évaporation due au manteau dénué de capillarité, la durée des périodes d'absorption se trouve énormément accrue. Tout contribue à démontrer par suite que le résultat final sera excellent.

Nous ne saurions trop insister sur la très grande utilité de ces petits ouvrages en montagnes, l'eau ainsi emmagasinée sur les cimes a une tout autre valeur que celle retenue dans les alluvions des plaines ; elle peut être utilisée à plusieurs reprises comme eau d'irrigation jusqu'à évaporation complète. On peut aisément l'amener où l'on veut avec de simples rigoles ; enfin, elle constitue la dernière réserve des plaines, pour les besoins de l'été, vu la plus grande durée de son parcours, pour rejoindre le niveau d'utilisation le plus bas.

Ces minuscules travaux ne sauraient sûrement entrer en comparaison avec nos grandioses barrages-réservoirs, tant en raison de leur misérable aspect de simples champs de pierrailles d'aride apparence, que des modestes débits qu'on peut en espérer.

Les uns et les autres n'en ont pas moins une très grande utilité, et tout compte fait de l'emploi d'une même somme est-il bien certain que ce ne soit pas vraiment là l'aménagement le plus rationnel, le plus économique. Quoi de plus avantageux de plus agréable que de disposer de multiples sources en montagnes ; quoi par suite de plus logique que de les multiplier à l'infini. Que faut-il pour cela : que l'homme substitue au brutal écoulement en flots par les lignes de thalweg, d'abord un écoulement ralenti suivant des fossés de très faible pente, puis un écoulement encore plus lent à travers les interstices moléculaires des massifs spongieux que recèlent les montagnes.

Nous avons affirmé au début de ce mémoire que la richesse aquifère des oasis du Sud était due à l'absence de toute végétation forestière, de toute terre végétale sur les croupes et les versants des montagnes.

La démonstration de ce fait résulte de l'étude même que nous avons faite des éléments principaux du bilan : pluie, évaporation, infiltration.

D'une part, impossibilité de saturer, avec toutes les précipitations météoriques d'une année très pluvieuse, la capacité de retenue d'une couche végétale de moins de un mètre d'épaisseur asséchée par plusieurs mois de brûlant soleil ; d'autre part, surasséchement du sol par les racines des arbres, non à 1 mètre mais à plusieurs mètres de profondeur.

La condition essentielle pour qu'il y ait infiltration en pays aride, c'est la présence à la surface du sol d'un revêtement rocheux fissuré, permettant aux moindres pluies de pénétrer immédiatement sous ce manteau dénué de capillarité, et c'est à cette solution que nous avons finalement abouti pour obtenir, avec le minimum de pluie, le maximum d'infiltration.

Dans le trajet Alger-Tunis, il est deux localités au moins où cette hypothèse trouve une éclatante confirmation.

L'oued Bou-Merzoug près des Oulad-Ramoun naît, se développe, et en un court trajet se transforme en un abondant ruisseau, dans une très modeste déclivité, dont les flancs sont recouverts de bancs de roches fissurées, dépourvues de terre et de végétation. Il en est de même de l'oued Berda, près de Bou Nouara.

Cette même hypothèse justifie l'existence et donne la raison d'être des nombreuses sources que l'on voit sourdre presque au sommet des montagnes rocheuses.

Dans les steppes de Baten, plateau immense qui court sur des centaines de kilomètres de longueur à l'est du Gourara, envahit le Tidikect et une partie du Touat, les palmeraies de l'Aouguerout sont largement alimentées, malgré l'extrême pénurie des pluies, l'extrême aridité du climat, par les eaux qui se sont infiltrées dans ces terrains *couverts d'une fine caillasse* et *dénués de toute végétation* [1].

Mais il nous paraît superflu d'accumuler ici les nombreux exemples que l'on pourrait donner de cet état de chose ; on les rencontreà chaque pas en tout pays. Il va de soi que si grâce à un revêtement dénué de capillarité, à son état de fissuration, l'évaporation d'un terrain est inférieure aux pluies, après une période de temps plus ou moins longue, fût-elle de dix ans, de vingt ans ou de plusieurs siècles, tout le massif sous-jacent sera saturé, et du sol jailliront des sources pérennes.

Il résulte en outre, de l'ensemble des considérations développées au cours de notre étude que, sous tous les climats, le rapport, du débit des sources qui émergent d'un massif de terrain, aux pluies qu'il reçoit, sera d'autant plus grand, que ce massif sera plus fissuré, plus rocheux, plus stérile, plus dénué de terre et de végétation.

1. Lieutenant Ch. Catroux, *Voyage à Timimoun.*

La très merveilleuse et très puissante fontaine de Vaucluse, chantée par Pétrarque en fournit la preuve éclatante.

La très puissante fontaine de Vaucluse est due à la stérilité, à l'état de fissuration et de dénudation du mont Ventoux.

Grâce à l'état de fissuration, de stérilité, de nudité des monts Ventoux, de Lure, Luberon et Vaucluse, cette source débite plus de moitié des pluies reçues par son bassin hydrographique.

Des calculs de M. Bouvier, ingénieur des Ponts-et-Chaussées, résulte que ce bassin embrasse une étendue de 165,000 hectares.

La hauteur de pluie moyenne a été de 1874 à 1878 de 0 m. 55, le débit moyen de la source pendant ce même laps de temps de 17,000 litres par seconde, ce qui représente 60 pour cent des précipitations pluvieuses[1].

Même sur les Hauts-Plateaux, même en plein Sahara, on peut espérer atteindre de tels rendements ; mais il faut pour cela que la roche soit entièrement dénudée, non poreuse mais fissurée, et il faut en outre que les pluies se distribuent sur un très petit nombre de jours, ou plus exactement sur un petit nombre d'heures, en d'autres termes qu'elles soient des pluies d'orage : tel est d'ailleurs le cas général en ces régions.

Nous avons vu que pour les 13 stations météorologiques des Hauts-Plateaux que nous avons choisies, en raison de la pénurie des pluies qu'elles reçoivent, la moyenne générale atteint $0^{m},315$.

L'infiltration acquise à un massif rocheux fissuré ou sous un manteau de pierraille pourra atteindre $0^{m},150$ à $0^{m},190$, et chaque hectare de terrain bien aménagé, engendrer une source d'un débit journalier de 4 à 5,000 litres, suffisant pour abreuver plus de 500 têtes de bétail, si les roches ou pierrailles en couverture ne sont point poreuses.

La multiplication de ces petites sources améliorerait considérablement les conditions de l'élevage et de la culture sur les 15 millions d'hectares de pâturage des Hauts-Plateaux.

Il en serait sans doute de même, dans les immenses zones à steppe de la Russie Méridionale, de l'Asie, de l'Australie.

En régions très arides, c'est aux revêtements inertes, dénués de capillarité, qu'il faut recourir pour améliorer l'hydrologie, et non aux forêts ; autrement dit, à des revêtements végétaux allant puiser, dans le tréfonds du sol, le peu d'eau qui a pu s'infiltrer à bonne profondeur, malgré la trop grande capacité de retenue de la plupart des terrains.

Dans la seconde partie de ce mémoire, nous verrons qu'il est possible à l'homme de refouler peu à peu les steppes et les déserts, d'accroître la pluviosité des régions déshéritées du ciel, et que la forêt joue ici un rôle bienfaisant mais limité.

Après avoir traité de la production des pluies, nous examinerons dans un dernier chapitre, les conclusions qui se dégagent de cette étude d'ensemble sur l'hydrogenèse.

1. *Association française pour l'avancement des sciences.* Montpellier, 1879, p. 357.

FIN DE LA PREMIÈRE PARTIE

Contributions Diverses

A

L'HYDROGENÈSE

DEUXIÈME PARTIE

L'HYDROGENÈSE

DEUXIÈME PARTIE

PRODUCTION DES PLUIES

Grande utilité de l'étude de cette question

Nous abordons ici un domaine inexploré mais d'un intérêt si considérable pour la plupart des nations et tout particulièrement pour la France, maîtresse de l'Algérie, de la Tunisie, du Sénégal et de toute l'immense zone saharienne qui lui est échue en partage, que l'étude s'en impose impérieusement quelque hardie qu'elle soit.

Il nous paraît utile, arrivé au déclin de notre existence, tout long effort nous étant interdit, alors que cependant les sujets d'étude que comporte notre immense et aride empire colonial africain sollicitent plus passionnément notre attention, de jeter sur ce papier l'ébauche de la solution à laquelle nous avons finalement abouti, après vingt-cinq années de vie angoissante de colon algérien pour qui le *to be or not to be* se traduisait en chaque année agricole nouvelle sous la forme suivante : Pleuvra-t-il assez pour assurer nos récoltes ? ou la pénurie des pluies va-t-elle de nouveau stériliser nos champs, anihiler nos labeurs, grossir notre dette ?

Devant nos cultures trop fréquemment dépérissantes par suite de sécheresse, s'étale l'immensité des eaux marines et incessamment pendant ce quart de siècle s'est imposé à notre esprit la question suivante : Sera-t-il toujours impossible à l'homme de faire pleuvoir, ou tout au moins, chose qui *à priori* paraissait plus aisée, de contraindre les nuages qui passent à se résoudre en pluie.

Alger, la Mitidja, donnent une trop favorable idée de la pluviosité de l'Algérie ; Paris, Londres, Berlin ne souffrent que très rarement de la sécheresse, et c'est pourquoi la production des pluies n'a point encore été étudiée méthodiquement, alors que, cependant, de toutes les questions à résoudre elle est sûrement la plus importante et que le très sérieux, le très persévérant effort de puissantes sociétés d'études multipliées sur tous les points du globe, devrait lui être exclusivement consacré.

Que le lecteur excuse l'audace grande d'un simple colon, vivant loin des bibliothèques et des savants, d'oser aborder cet immense sujet de recherches d'un intérêt si prodigieux pour l'avenir de l'Afrique du Nord, de l'Arabie, de l'Australie centrale, des immenses zones à steppe de l'Asie, de la Russie méridionale, etc., il n'a d'autre ambition que de pousser à l'étude plus minutieuse des conditions qui favorisent ou empêchent les pluies, de provoquer un courant d'opinion favorable aux recherches et aux essais, de poser la question.

Il est, d'ailleurs, bien peu de nations qui n'aient, soit sur leur domaine continental, soit dans leurs colonies, des régions à pluviosité insuffisante pour assurer la subsistance régulière des populations et qui ignorent les famines ou, tout au moins, les séries de récoltes déficitaires : peut-être notre appel sera-t-il entendu et quelque audacieux artisan du progrès voudra-t-il mettre à profit nos indications, tenter quelques essais ou faciliter les nôtres.

Variation des pluies depuis l'époque quaternaire.

Enormes ont été les variations des précipitations météoriques aux divers âges de la terre. Nos fleuves actuels sont de chétifs pygmées, de modestes ruisseaux auprès de leurs colossaux ancêtres.

« A l'époque quaternaire, le bassin de la Seine avait à peu près le même relief qu'aujourd'hui. Ce fleuve n'avait pas alors moins de un à deux kilomètres de large. »[1]

Son affluent la Vanne s'étalait dans un lit qui à Chigy avait 1.160 mètres.

En ce même lieu, l'écartement des berges actuelles est de onze mètres, soit cent fois moins.[2] La Durance avait cinq à six kilomètres devant Pertuis.[3]

Le Var et les torrents du littoral ligurien envoyaient à la mer leurs déjections avec une telle force que les cailloux roulés y formaient de véritables deltas torrentiels, comme ils eussent pu le faire en débouchant dans l'eau tranquille d'un lac.[4]

Il en a été de même dans toutes les parties du globe, Europe, Asie, Amérique ; mais c'est tout particulièrement en Afrique, que les preuves irrécusables d'un régime très pluvieux, du pliocène à la fin de la période quaternaire surabondent ainsi que l'ont établi MM. Pomel, Rolland, Fuchs Le Châtelier, Lenz, Tissot...

« La grande formation qui a recouvert une partie des étendues sahariennes à une époque récente et « dont l'immensité, comme le dit M. Pomel, confond l'imagination », n'est autre qu'une formation d'atterrissement, d'origine continentale,

1. Belgrand, *La Seine*, p. 1.
2. Id., *Id.*, p. 16.
3. De Saporta, *Revue des Deux-Mondes*, 15 septembre 1881.
4. De Lapparent, *Traité de Géologie*, p. 1614.

qu'il s'agisse de dépôts de transport, ou de dépôts lacustres — qui sont dus à des eaux diluviennes.

« Leur cube énorme implique — comme agents d'ablation, de transport et d'alluvionnement — des volumes d'eau également énormes, et par suite des précipitations atmosphériques d'une extrême abondance.

« Un climat très humide régnait alors au Sahara, aujourd'hui la partie la plus sèche du globe [1].

« La faune aquatique du quaternaire algérien, composée d'espèces qui presque toutes sont éteintes, accuse l'existence à cette époque de grands cours d'eau, et de lacs étendus [2]. »

L'hypothèse d'une vaste mer saharienne, quaternaire, paraît devoir être définitivement écartée, tel est l'avis actuel de tous nos géologues, mais d'immenses lacs s'étalaient en plein Sahara et sur le littoral nord-africain ; nos chotts sont leurs derniers vestiges.

Finalement, d'après de Lapparent, en diverses périodes du quaternaire, les pluies ont été dix à vingt fois plus fortes qu'à cette heure[3].

Cette œuvre d'assèchement n'a point pris fin, elle se poursuit sous nos yeux, sur toute l'étendue de la terre, mais tout particulièrement en Afrique, en Arabie, en Asie.

Pour l'Afrique, le rétrécissement progressif incessant du lac Tchad en fournit la preuve irrécusable.

Depuis les explorations de Barth et de Natchigal, sa superficie aurait diminué de 1 million d'hectares d'après les constatations du capitaine Tilho, membre de la mission de délimitation franco-anglaise Niger-Tchad.

L'étendue de la dépression du Tchad est de 1,800,000 kilomètres carrés d'après l'atlas de Schrader. La surface encore couverte par les eaux n'est plus que de 34,000 kilomètres carrés, soit moins de un cinquantième de la zone submersible.

Le recul continu des glaciers alpins témoigne de l'assèchement progressif du climat de l'Europe centrale. Celui des glaciers équatoriaux de la république de l'Equateur et de l'Afrique orientale démontre qu'il en est de même en Amérique et en Afrique.

Il en est d'ailleurs également ainsi aux deux pôles de la terre.

Ce fait a été établi voici déjà longtemps pour le Pôle Arctique, et l'expédition anglaise antarctique a reconnu récemment que la grande barrière glacée, devant laquelle vint se butter James Ross, s'est retirée sur une distance de 50 kilomètres[4].

Diverses hypothèses ont été émises pour expliquer cette diminution des précipitations pluvieuses, cet assèchement du globe, et, d'autre part, les phases succes-

1. G. Rolland, *Géologie du Sahara Algérien*, p. 260.
2. De Lapparent, p. 1630.
3. Id., p. 1631.
4. *Ciel et Terre*, 1er avril 1906, p. 81.

sives des grandes invasions glaciaires. Ces deux éléments climatiques pluies et glaciers étant corrélatifs l'un de l'autre, il nous faut dire quelques mots des variations de température du globe terrestre.

Variations de température de la terre.

« S'il est un fait que la paléontologie, et spécialement la branche de cette science qui s'occupe du monde végétal, ait bien mis en évidence, c'est assurément la diminution progressive de la chaleur dans les hautes latitudes. »

Pendant toute la durée des temps primaires un climat semblable à celui des tropiques paraît avoir régné de l'équateur jusqu'aux pôles ; c'est à peine si la zone tropicale a commencé à se rétrécir vers le milieu de l'ère secondaire.

Au milieu de l'ère tertiaire, le Groenland qui est actuellement couvert d'une calotte de glace atteignant jusqu'à 1,500 mètres d'épaisseur, présentait une flore analogue à celle de la Louisianne, de la Californie ; l'Alaska de même.

L'apparition des glaces polaires a été très tardive, on peut presque la considérer comme inaugurant la période actuelle. La température n'était d'ailleurs pas plus élevée à l'équateur. Les fougères, les cycadées se trouveraient mal d'une température plus élevée que celle actuelle de l'équateur. Le phénomène paléothermal se caractérise non par une exagération de chaleur et de lumière mais bien par une répartition uniforme de la chaleur des tropiques[1].

Pour expliquer les périodes glaciaires, cet éminent géologue examine d'abord l'hypothèse de James Croll sur l'influence de la variation d'excentricité de l'orbite terrestre.

Les astronomes ont établi que cet orbite varie incessamment et qu'en une période de 21,000 ans, son excentricité passe de 0 à 1/11,8. Dans cette dernière situation, l'écart de distance de la Terre au Soleil, entre les équinoxes et les solstices, serait de vingt-six millions de kilomètres. A notre époque, l'excentricité est de 1/60 et la variation au cours d'une même année ne dépasse point cinq millions de kilomètres ; ces chiffres suffisent pour faire comprendre qu'incessantes ont été les variations de chaleur solaire que notre globe a reçues au cours de son évolution. Le calcul démontre que le rapport des quantités de chaleur au maximum et au minimum d'excentricité est de 19 à 26.

Ces variations d'excentricité peuvent engendrer des climats excessifs à hivers très rigoureux, à étés très brûlants, mais non donner naissance à la quasi uniformité de température qui régna autrefois sur terre, de l'équateur aux pôles, ainsi que le démontrent clairement leurs flores fossiles.

Cette hypothèse écartée de même que toutes autres variations astronomiques de même nature tendant aux mêmes fins : « variations d'obliquité de l'astre terrestre, etc. » M. de Lapparent, se ralliant à une hypothèse de M. Blandet, attribue cette uniformité de climat, cette égale distribution de chaleur et de lumière à un soleil autrement énorme et en même temps beaucoup moins brillant qu'il n'est à

1. De Lapparent, p. 1853.

cette heure, ce qui cadrerait fort bien avec la théorie cosmogonique de Laplace, admise par l'universalité des savants.

Nous le voyons à cette heure, sous un angle de 32′3″ ; vu sa grande distance, son faible diamètre apparent, ses rayons éclairent la terre suivant un grand cercle, séparant en deux hémisphères égaux, la zone éclairée et la zone dans l'ombre, et grâce à l'obliquité de l'axe de rotation de la Terre, sur le plan de l'écliptique, les calottes polaires ne reçoivent que des rayons pénétrants sous des incidences rasantes ; aussi malgré la grande durée de leurs jours de la période d'été, la température s'y élève-t-elle assez peu.

Avec un soleil vu de terre, sous un angle de 47° suivant l'hypothèse de M. Blandet, la zone éclairée embrasserait plus des trois quarts de la Terre. Elle serait limitée par un petit cercle qui au moment du solstice passerait par l'un des pôles et par le parallèle de 43° sur l'hémisphère opposé.

Pour aucun point de la Terre il n'y aurait de nuit de 24 heures, les incidences rasantes deviendraient l'exception. [1]

L'écart de température de l'équateur aux pôles serait considérablement réduit, ce qui justifierait l'expansion vers les hautes latitudes de la flore équatoriale, sans cependant pouvoir faire comprendre cette uniforme distribution, reconnue par les géologues.

A cette hypothèse il paraît nécessaire d'en joindre une seconde du même ordre : savoir que les planètes inférieures Mercure, Vénus, détachées du Soleil bien après la Terre étaient encore dans leur période stellaire ; rayonnaient non plus seulement comme à cette heure, les rayons réfléchis du Soleil, mais bien, le calorique propre de leur masse encore incandescente.

Quelque hardies que soient ces vues, on est contraint de les admettre. Les flores tropicales fossiles, du Groenland, du Spitzberg, de l'Alaska, n'ont pu en effet se développer que grâce à une luminosité suffisante et à une température peu différente de celle de nos climats tropicaux.

D'autre part, il n'est point interdit de penser que d'autres causes sont intervenues pour réduire peu à peu la quantité de chaleur que les pôles recevaient à l'époque primaire. Sans doute l'afflux de chaleur interne du noyau terrestre incandescent contribuait-il largement à cette égalité de température que nul géologue ne conteste.

Il a, il est vrai, été établi par lord Kelvin que 10 mille ans aprés la formation de la première écorce terrestre, la transmission à travers cette écorce était devenue négligeable, vu la faible conductibilité des roches, vu la grande épaisseur des gneiss, des micaschistes que nos sondages traversent sur plus de 1,000 mètres d'épaisseur dans les terrains primitifs ; mais l'on n'a tenu compte là que de l'afflux calorique par conductibilité, l'on a négligé l'afflux par convection, or, ce premier manteau de gneiss devait être autrement fissuré, crevassé que ne l'est la terre à cette heure. Il est infiniment probable que nos modestes sources thermales ont dû,

1. De Lapparent, p. 32.

en d'autre temps, être représentées par d'innombrables fleuves thermaux rejetant dans les océans, dans les lacs ou sur les terres émergées, de véritables nappes d'eau chaude dont les geysers d'Islande, de la Nouvelle Zélande du Yellowstone ne donnent qu'une très faible idée.

Il est également permis de croire qu'en ces époques lointaines les masses d'eaux océaniques n'étaient point encore descendues au très bas degré thermométrique que quelques millions d'années de rayonnement, vers les espaces stellaires, leur ont fait atteindre dans leurs abysses, soit 0° à 3° centigrades.

Moindres devaient être les surfaces des terrains émergés. La mer s'étalant sur une plus grande partie du globe, les eaux chaudes de la zone tropicale pouvaient plus aisément, grâce à de moindres masses continentales faisant obstacle à la circulation, distribuer le calorique qu'elles recevaient du soleil jusqu'aux pôles.

Meilleure enfin était, grâce à l'étendue des surfaces d'eau, et sans doute aussi grâce à une flore aquatique s'étalant sur de plus vastes surfaces, l'utilisation de la chaleur solaire. A la surrection des grandes chaînes de montagnes, à l'émersion des vastes continents ont dû correspondre les phases glaciaires et c'est à l'ouverture de la fosse de l'Atlantique, à l'immersion des terres qui reliaient le Brésil à l'Afrique, à l'effondrement de l'Adriatique et de l'Egée que l'on peut attribuer le retour d'un climat plus doux, après diverses phases glaciaires.

En ce qui concerne l'Afrique, l'assèchement progressif du Sahara serait dû, d'après M. G. Rolland, à l'exondation des immenses plaines de la Russie.

A tous les âges de la Terre les circuits des alizés ont eu dans chaque hémisphère les mêmes sens de rotation qu'aujourd'hui. Ceux-ci sont dus en effet à la rotation même de la Terre et ne sauraient s'inverser, ainsi que M. Jourdy l'a fait observer à juste raison [1], et si actuellemement l'alizé de l'Atlantique nord, qui aborde la côte orientale d'Afrique (golfe de Gabès, grande Syrte) ne déverse dans le Sahara que des pluies insignifiantes, cela paraît dû aux causes suivantes :

Diminution de la température des océans et par suite moindre évaporation ;

Assèchement des immenses terres noires de Russie ;

Moindre évaporation en Méditerranée.

Ayant ainsi tracé une première esquisse, il nous faut étudier les divers éléments du régime pluviométrique nord-africain, puis ensuite rechercher s'il n'en est aucun sur lequel l'homme puisse exercer une action efficace.

Diminution progressive de l'afflux de la chaleur interne du globe terrestre.

Au cours de notre étude sur la production des sources en régions arides et semi-arides, nous avons été amené à constater que tout dans la nature tend incessamment à leur diminution.

Il en est exactement de même en ce qui concerne l'afflux par convection, de la chaleur du noyau central à la périphérie. Grâce à la sédimentation océanique et lacustre, de nouvelles strates se superposent aux anciennes, en même temps que s'accroît par refroidissement, l'épaisseur de la couche solidifiée. L'écorce

1. E. Jourdy, *La Mer Saharienne*, *La Philosophie positive*, 1875-1876.

terrestre devient chaque jour plus étanche, moins conductrice ; l'alluvionnement des plaines, la sédimentation éolienne des sommets réduisent la quantité d'eau qui s'infiltre à grande profondeur, se réchauffe au sein de la terre et vient sourdre sur les flancs des montagnes, dans les dépressions des vallées, dans les profondeur des mers, des lacs et en élève la température.

En même temps que se poursuit ce colmatage qui a pour effet de diminuer les infiltrations, les failles, les cassures qui servaient de conduits pour amener à la surface les eaux chauffées en profondeur, s'incrustent, se rétrécissent, s'engorgent, ces eaux ne pouvant plus : du fait même de l'amoindrissement de leur masse, de l'abaissement progressif de leur température, à mesure qu'elles approchent de l'épiderme terrestre, garder en solution les sels dont elles s'étaient chargées dans les entrailles du sol.

La comparaison des observations de des Cloizeaux et Bunsen sur les geysers d'Islande, de M. Hayden et Hague sur ceux du Yellowstone avec les observations plus récentes donne à penser que la diminution d'activité des émissions hydrothermales est assez rapide[1].

L'homme ne peut évidemment enrayer cette diminution progressive de l'apport de chaleur centrale. Son impuissance à accroître l'afflux de chaleur solaire est encore plus manifeste ; il est toutefois un moyen de ralentir le refroidissement du globe terrestre, d'accroître l'évaporation et les pluies qui n'est peut-être point hors de sa portée. Il consiste à augmenter l'utilisation par les océans, les lacs et les terres, de la chaleur solaire.

Écart considérable d'utilisation solaire des surfaces d'eau, d'une part, et des terres sèches, d'autre part.

Dans le cas d'une surface d'eau, une partie des rayons pénètre en profondeur, une autre partie provoque l'évaporation ; des vapeurs se forment, s'élèvent dans l'atmosphère et vont reporter en d'autres points du globe, lors de leur précipitation sous forme d'hydrométéores, le calorique qu'elles avaient emmagasiné sous forme de chaleur latente.

De jour et de nuit, il est vrai, les eaux rayonnent vers le ciel, perdent du calorique, mais la perte est limitée grâce à l'écran de vapeurs qu'elles font naître et à leur moindre échauffement.

Avec la terre sèche le sol s'échauffe considérablement pendant le jour et se refroidit d'autant pendant la nuit. La perte par rayonnement se trouve accrue par ce double fait que l'échauffement diurne a été plus intense et que l'air est très pauvre en vapeurs d'eau sur les grands continents arides.

Le transport de chaleur par l'atmosphère vers les zones froides est donc plus minime, l'utilisation solaire par le Sahara est donc inférieure à celle d'une égale surface d'océan comprise entre les mêmes latitudes. La terre se refroidira donc d'autant plus rapidement que plus vastes seront les surfaces continentales asséchées. Il est bien certain d'autre part que cette influence nocive sera d'autant plus

1. Voir, à ce sujet, De Lapparent, p. 474-479.

marquée, à surfaces égales, que les zones asséchées seront plus proches de l'équateur, celles-ci recevant beaucoup plus de rayons solaires.

Éléments principaux qui influent sur l'abondance des pluies.

L'abondance des pluies dépend évidemment de l'importance de l'évaporation et celle-ci est fonction : de l'étendue des surfaces d'eau, de leur température, de leur insolation, de leur profondeur, enfin, et c'est là un point de la plus haute importance qui n'a peut-être pas jusqu'ici été pris en suffisante considération, de l'état de ces surfaces. Le degré d'agitation de l'atmosphère, son état hygrométrique, sa température sont des éléments non moins importants de leur production.

La question qui se pose est de rechercher quels sont les éléments sur lesquels l'homme peut exercer l'action la plus décisive avec le moindre effort.

L'accroissement de l'étendue des surfaces d'évaporation se présente tout d'abord à l'esprit comme la mesure la plus accessible à nos moyens ; puis, si on met en parallèle les accroissements que l'homme peut faire naître, avec l'immensité des océans ; cet accroissement apparaît comme ne pouvant produire que des effets absolument dérisoires, à peu près négligeables. Fort heureusement cette conclusion n'est point fondée : elle suppose implicitement qu'à des surfaces d'eau de même étendue situées à même latitude correspondent des évaporations égales. Or, en réalité, une mince couche d'eau étalée sur la terre émet 2 à 3 fois plus de vapeurs qu'une même étendue de mer profonde. Il y a donc là un premier correctif important.

En second lieu cette conclusion hâtive suppose que les pluies se distribuent exclusivement au prorata de l'humidité générale de l'atmosphère qui s'étale sur une contrée, or c'est là une erreur. Une colonne ascendante d'air relativement très chaud, très humide pour la région et d'étendue limitée, peut donner dans la région même des pluies abondantes, alors qu'une immense surface océanique enrichira, il est vrai, l'atmosphère de très importantes quantités de vapeurs, sans pour cela donner de pluie dans la région d'évaporation. Ces vapeurs disséminées dans une trop grande masse d'air ne se résoudront le plus souvent en pluie qu'après avoir longtemps cheminé vers de plus hautes latitudes et avoir pénétré dans des climats plus froids.

A une évaporation s'étalant sur d'immenses surfaces peut donc correspondre un climat sans pluie, tel est le cas au large des Açores en plein Océan et d'autre part nous verrons que l'évaporation due à des surfaces très limitées, peut engendrer de copieuses pluies d'orage.

Sans entrer pour le moment très avant dans ce sujet, rappelons que la condensation des vapeurs atmosphériques se produit sous l'influence du froid et que sur tous les points du globe, l'atmosphère est glaciale à quelques mille mètres de hauteur, ainsi qu'en témoignent les neiges éternelles de Quito, sous l'équateur même, dans l'Amérique du Sud, de Kilima-Ndjara, en Afrique, par trois degrés de latitude Sud, à 4,800 mètres d'altitude. La température décroît en effet de un degré par deux à trois cents mètres de hauteur. Le zéro thermométrique est atteint même dans les régions les plus chaudes du globe, dès quatre à six mille mètres de hauteur, suivant degré de sécheresse de l'atmosphère.

L'air chaud et humide en raison de sa légèreté de la réserve considérable de chaleur latente contenue dans ses vapeurs, tend spontanément à s'élever dans les cieux jusqu'à tant qu'il ait abandonné par condensation la majeure partie de son humidité. Cet échauffement, cette humidification se produisent spontanément, même aux hautes latitudes et *a fortiori* aux basses latitudes, au contact des eaux peu profondes dans les beaux jours d'été.

L'accroissement des surfaces terrestres d'évaporation mérite donc d'être retenu pour permettre à l'homme d'améliorer la pluviosité des régions qui souffrent de la pénurie des pluies.

Accroissement d'évaporation des surfaces d'eau.

Nous avons vu au cours de notre étude sur la production des sources combien profondément serait accrue, l'infiltration des eaux pluviales dans la terre grâce à un très mince revêtement de pierrailles et dans quelle large mesure se trouverait ainsi réduite l'évaporation des terres humides. Inversement, c'est en ensemençant les océans, les mers et les lacs, de prairies flottantes de plantes aquatiques, que l'homme peut accroître dans de très larges proportions l'évaporation globale et par suite les pluies.

Considérons deux surfaces d'eau, voisines, de même étendue, en plein océan, la première recouverte d'un tapis de fucus flottants, la seconde n'en présentant point trace.

Dès le lever du soleil, ces deux surfaces vont capter la chaleur incidente dans des proportions très différentes, et la répartition du calorique réfléchi vers le ciel, réfracté dans les eaux ou utilisé à l'évaporation, s'effectuera dans des mesures très diverses.

Tant que le soleil n'est point très élevé au-dessus de l'horizon, ses rayons sont réfléchis par la surface nue, et, par contre, captés par la surface engazonnée, celle-ci n'étant point unie comme un miroir, mais bien hérissée de frondaisons ou de thalles.

A mesure que le soleil monte vers le zénith la perte par réflexion de la surface nue s'amoindrit, un nombre de plus en plus considérable de rayons pénètre dans l'onde, mais l'eau ayant un très faible pouvoir absorbant pour les radiations lumineuses solaires, les rayons n'étant point arrêtés à la surface par un corps opaque, leur calorique va se répartir sur une couche d'eau de 100, de 200 mètres d'épaisseur. L'échauffement superficiel sera infime, l'évaporation modérée ; tout au contraire elle sera considérable pour la prairie aquatique, les pertes par réflexion d'une part, par réfraction profonde d'autre part, étant évitées ; en outre, l'accroissement de densité dû à la concentration étant combattu par la diminution de densité due à l'échauffement, la diffusion des eaux chaudes vers le bas sera plus petite.

De la nuit au jour l'écart de température en plein océan atteint à peine, d'après certains auteurs, 1 degré[1], même dans les régions équatoriales, et ne dépasse point, d'après d'autres, 0°,3 à 0°,4[2]. Cette infime variation diurne de la tempéra-

1. Angot, *Météorologie*, p. 84.
2. Teisserenc de Bort, *Atlas de Météorologie maritime*, p. 30.

ture superficielle des océans suffit pour faire deviner quel accroissement considérable d'évaporation l'on peut espérer de l'extension des mers de Sargasses.

Mais, dira-t-on, fort bien, vous avez réellement accru la quantité de vapeurs qui va, pendant le jour, être déversée dans l'atmosphère, mais, par contre, vous avez diminué l'échauffement des eaux en profondeur, il n'y a point finalement gain de chaleur pour la terre, meilleure utilisation des radiations solaires. Cette objection est de peu de valeur. Pendant toute la durée de la nuit, nos deux surfaces d'eau vont rayonner vers le ciel, la déperdition sera, il est vrai plus notable, pendant les premiers instants pour nos champs d'algues, vu la plus haute température de leurs surfaces, mais après quelque temps l'inverse se produira, l'eau sans revêtement, rayonnera plus que l'autre, les zones profondes continuant à émettre des radiations plus chaudes.

L'utilisation de la chaleur solaire est, on le voit, bien plus considérable pour une surface d'eau recouverte de parcelles flottantes, non dénuées de capillarité que pour une surface nue ; par suite à des quantités de chaleur égales, déversées par le soleil sur la terre, peuvent correspondre pour celle-ci des climats très différents ; d'autant plus chauds et pluvieux que la végétation aquatique sera étalée sur de plus vastes étendues et inversement, d'autant plus froids, plus arides, que ces surfaces seront plus dénudées et plus minimes.

Ce n'est point seulement dans l'Atlantique Nord que l'on rencontre une mer de Sargasses, d'immenses accumulations de fucus flottent également : sur l'Atlantique Sud, dans le Pacifique, dans l'Océan Indien, partout enfin où règnent des courants marins formant circuits fermés, Gulf Stream, Kuro Sivo, courant du Mozambique, etc. Très vraisemblablement, ces mers flottantes d'algues marines étaient infiniment plus développées pendant les périodes géologiques, caractérisées par un climat tropical s'étalant jusqu'aux pôles. Nos puissants bancs de houille ont pris naissance pendant ces périodes chaudes, or le Cannel Coal ou houille à gaz du Lancashire, provient de la fossilisation d'algues d'eau douce microscopiques, dénommées fleurs d'eau, ayant vécu à la surface des nappes lacustres, ainsi que l'a établi le géologue Renault. [1]

Nous ne serions point surpris que des études ultérieures démontrent que la flore flottante des mers a contribué encore plus largement que celle des eaux douces à la formation de nos combustibles minéraux : lignite, houille, anthracite.

Comme première indication sur l'évaporation comparée des eaux nues et des eaux avec revêtements flottants divers, mentionnons ici les résultats d'une de nos séries d'expériences sur ce sujet en août 1907.

Six verres très minces, sensiblement identiques ont été logés dans des alvéoles pratiquées dans une planche, exposée en plein soleil et en plein vent ; leur rebord affleurait sa face supérieure, ces alvéoles étaient équidistantes et en ligne droite.

Les verres n°s 1 et 4 ont reçu chacun 200 grammes d'eau ; les verres 2 et 5

1. De Lapparent, *Bulletin Société Histoire Naturelle d'Autun*, p. 258.

190 grammes et une quantité de sargasses, suffisante pour que l'eau fût comme dans 1 et 3 à 5 millimètres en contre-bas des rebords.

Les verres 3 et 6 ont reçu 180 grammes d'eau et recouverts de capuchons en drap noir cylindriques ayant exactement le diamètre intérieur des verres ; les plis verticaux de ces capuchons plongeaient dans le liquide et alimentaient par capillarité le disque circulaire formant chapeau. Dans les trois séries de verres les surfaces d'insolation étaient sensiblement les mêmes.

Chaque soir on constatait par pesée des verres les pertes de la journée ; chaque matin on ajoutait les quantités d'eau nécessaire pour rétablir les poids d'origine.

Voici les résultats obtenus :

	Eau nue verres 1 et 3	Eau et Sargasses verres 2 et 5	Drap alimenté par capillarité verres 4 et 6
	—	—	—
Évaporation moyenne de trois jours d'essai.....	6 m/m 17	9 m/m 06	12 m/m 75
Nombres proportionnels.	100	146	206

Ainsi qu'on le voit, les sargasses ont accru l'évaporation de 46 p. 0/0 et le drap noir alimenté par capillarité de 106 0/0.

En réalité les accroissements seraient plus notables en pratique que ne l indiquent ces chiffres. Les parois des verres 1 et 4 arrêtaient au passage une partie des radiations solaires, ce qui contribuait à échauffer l'eau de ces verres, à accroître leur évaporation et faussait les résultats comparatifs.

Avec cette même planche munie de ces 6 verres nous avons essayé à plusieurs reprises de mesurer l'évaporation en mer mais n'avons pu y réussir. Même dans les journées les plus calmes cette planche flottant sur l'eau subissait des oscillations qui projetaient les liquides au dehors et parfois la mer embarquait dans les verres.

Ces verres à peu près complètement immergés dans la mer nous eussent donné des chiffres d'évaporation moins éloignés de la réalité que ceux de l'essai précédent. Notons qu'il serait du plus haut intérêt de connaître quelle est l'évaporation vraie des mers ; sans doute trouverait-on, en eau profonde notamment, des chiffres bien inférieurs à ceux admis à cette heure et s'écartant très sensiblement des 6 millimètres que l'on attribue à la Méditerranée pour la période d'été.

Production des pluies locales.

Nous disposons donc dès maintenant de deux moyens paraissant aptes à accroître dans une mesure efficace, la masse de vapeur déversée dans l'atmosphère et dont l'étude mérite par suite d'être poursuivie ; mais ce n'est là qu'une partie du problème à résoudre, il nous faut aller plus loin, rechercher qu'elles sont les conditions les plus favorables à la production des pluies locales et voir si elles sont accessibles à l'homme.

Au contact des eaux, des terres humides, l'atmosphère s'enrichit en vapeurs. Ces vapeurs se résoudront en pluie dès que par suite d'une cause quelconque une masse d'air atmosphérique se sera suffisamment refroidie au-dessous du point de saturation. Ce refroidissement peut être dû au cheminement vers des régions plus froides, lequel donne lieu aux pluies de convection — à une ascension sur les versants des montagnes, provoquée par les vents, ce qui donne les pluies de relief, enfin à une ascension ayant pour cause directe la plus haute température, la plus grande humidité par rapport aux masses voisines de la masse d'air considérée, ascension qui donne les pluies d'orage, lesquelles sont plus particulièrement fréquentes en saison chaude. C'est à ces dernières que les régions équatoriales doivent exclusivement leurs très copieuses pluies ; ce sont les seules qui paraissent accessibles à l'homme, notamment en régions chaudes, ce sont par suite celles que nous envisagerons exclusivement.

L'extrême irrégularité de la distribution des pluies dans nos climats d'Europe incite, à première réflexion, à croire que ces météores sont régis par des lois trop complexes, sont soumis à des influences trop multiples pour qu'ils soit jamais possible à l'homme d'en modifier la spontanéité. Cette extrême irrégularité est incontestable et il est peu de régions civilisées, tant du vieux que du nouveau monde qui ne souffrent à intervalles plus ou moins rapprochés de périodes de sécheresse.

Régions à pluies quotidiennes (Kingston, Iles Sandwich, etc.).

Ce n'est cependant point là une loi inexorable, les régions équatoriales, autrement dit les régions à pluies de chaleur, ignorent les années sèches et, fait plus important encore pour notre étude, il est des localités privilégiées sur lesquelles la pluie tombe régulièrement chaque jour, aux mêmes heures, pendant plusieurs mois consécutifs. C'est là une constatation d'un très précieux augure, elle permet en effet de croire que l'objectif que nous poursuivons n'est point obligatoirement irréalisable et chimérique et qu'il sera sans doute possible, en s'inspirant des conditions spontanément réunies par la nature en ces lieux priviliégés, de les faire naître en d'autres.

« A la Jamaïque, depuis les premiers jours de novembre jusqu'au milieu d'avril, les sommets des montagnes de Port-Royal commencent à se couvrir de nuages entre onze heures et midi. A une heure ces nuages ont acquis leur maximum de densité, la pluie s'en échappe à torrent, avec éclairs et tonnerre. Vers 2 heures et demie, le ciel a repris toute sa sérénité. Ce phénomène se reproduit tous les jours pendant 5 mois consécutifs. Kingston comptent 150 jours d'orage et les côtes voisines 50 seulement dans les points du continent semblablement placés[1]. »

« Sur les bords du Rio-Negro (Amérique du Sud), on reçoit presque tous les jours des pluies de 6 heures[2]. »

Dans certaines parties du Mexique, l'orage et la pluie commencent régulièrement vers 2 heures du soir, et la pluie continue jusqu'à 5 heures du matin.

1. De la Rive, *Traité d'électricité*, p. 127.
2. Flammarion, *L'Atmosphère*, p. 660.

« Dans d'autres, la pluie cesse pendant la nuit, dans d'autres encore, elle dure à peine quelques heures[1]. »

« Les orages des régions tropicales sont presque exclusivement des orages de chaleur... Presque toutes les pluies de ces régions sont des pluies orageuses, et dans certains mois on observe des orages presque chaque jour. C'est ainsi qu'au Mexique on a une moyenne de 139 orages par an à Mexico et de 141 à Léon (Guanajuato), la moyenne atteint 167 à Ruitenzorg (Java) et à Bismarckburg (Togoland Guinée), enfin elle paraît dépasser 180 à Cameroun dans le fond du golfe de Guinée, d'après une série de trois années d'observations[2]. »

« Les orages de chaleur se présentent sous leur forme la plus simple, et tout-à-fait caractérique dans certaines îles montagneuses de régions tropicales. Ils ont été décrits de la manière suivante dans les îles Sandwich qui possèdent des montagnes très élevées. La nuit et le matin le ciel est absolument pur ; c'est en effet l'époque où souffle la brise de terre qui est en même temps ici brise de montagne, c'est-à-dire vent descendant et sec. Vers neuf à dix heures du matin, la brise de mer s'établit et remonte alors de tous côtés les pentes de l'île. Dans ce courant ascendant, chaud et humide, la condensation commence à un niveau bien déterminé qui dépend des conditions initiales de l'air et l'on voit bientôt se former autour de la montagne, un nuage dont la base est horizontale et qui grossit rapidement, tandis que le ciel reste clair sur la mer à une certaine distance. Si l'humidité et la température de l'air sont suffisantes, le nuage prend une grande épaisseur et bientôt il en tombe des quantités de pluie considérables, en même temps que l'on entend les grondements répétés du tonnerre. A mesure que le soleil baisse, l'orage diminue d'intensité, la pluie cesse, le nuage se dissipe peu à peu, et de nouveau à la nuit le ciel se découvre entièrement.

« Les mêmes phénomènes se reproduisent parfois régulièrement chaque jour, pendant une longue période, mais suivant les conditions on observera soit seulement la formation du nuage, soit le nuage et la pluie, soit enfin toute la série complète, nuages, pluie et orage. »[3]

« La distribution horaire des orages tout comme la distribution géographique, met en évidence le rôle prépondérant de la température ; presque partout les orages sont le plus fréquents, dans les parties les plus chaudes de la journée, entre midi et six heures du soir. »[4]

De ces multiples citations, résulte jusqu'à l'évidence, que dans les pays chauds presque tout le contingent de pluie est fourni par des orages de chaleur, que ceux-ci se produisent pendant la saison chaude et aux heures les plus chaudes de la journée. L'aridité des 2,000 kilomètres de côte saharienne qui baignent dans

1. Marié Davy, *Météorologie générale*, p. 308.
2. Angot, *Traité Elémentaire de Météologie*. p. 338.
3. Id., *Id.*, p. 339.
4. Id., *Id.*, p. 338.

l'Atlantique n'est donc point due à l'abondance de calorique que le soleil leur prodigue et n'a rien de fatal.

Pour tirer parti des très uniformes régimes de pluies dont bénéficient trois des stations que nous venons de citer : Kingston, les îles Sandwich et Cameroun, il nous faut consigner maintenant les caractéristiques de ces localités.

A Kingston, côte accore dirigée Est-Ouest, altitude du point culminant des cimes voisines, 2,164 mètres. En avant de Kingston, une étroite presqu'île sur laquelle est bâtie Port-Royal. Dans la baie ainsi formée, zone assez importante de hauts fonds, 800 à 1,000 hectares de surface d'eau ayant moins de 10 mètres de profondeur.

Enfin au large de Port-Royal, nombreux îlots que la mer couvre et découvre.

Grâce à son orientation, la côte s'échauffe dès le lever du soleil, il y a production d'un courant ascendant ; ce courant va être alimenté par les brises venant du Sud ; cette brise déjà chargée de vapeurs, grâce à son cheminement au large, s'enrichit de plus fort au contact des eaux chaudes qui entourent les roches à fleur d'eau, et les eaux peu profondes de cette baie abritée. Tout concourt donc à la surcharger de vapeurs, lesquelles remontant les flancs de la Montagne Bleue arrivent à saturation et engendrent la pluie. Notons que le point culminant de ce relief atteint 2,164 mètres et que l'orage éclate bien au-dessous.

De très importantes précipitations pluvieuses peuvent en effet se produire sans que la colonne ascendante ait à atteindre de très grandes altitudes.

Disons en outre que tous ces îlots rocheux que la mer découvre chaque jour coopèrent à la production de ces orages quotidiens, non point seulement par l'échauffement des eaux qui les baignent, mais bien aussi par les embruns qu'ils produisent. Il a, en effet, été établi par lord Kelvin que la pulvérisation de l'eau, la variation de surface sont une source d'électricité ; il y a mieux, chaque gouttelette projetée dans l'atmosphère laisse un résidu salin non volatil qui va servir de noyau de condensation dès que la colonne ascendante d'air sera proche du point de rosée.

Les îles Sandwich dominées par le volcan Maou-Na-Kéa dont l'altitude atteint 4,253 mètres doivent la régularité de leurs pluies au puissant appel d'air chaud que provoque ce haut massif volcanique et aux hauts fonds qui les relient aux îles Honoloulou.

Cameroun est située dans une baie profondément encaissée où l'eau, par suite, peut se surchauffer à l'extrême et est en outre dominée par un pic s'élevant à 3,960 mètres.

Un simple îlot corallien peut engendrer la pluie.

Pour que des pluies quotidiennes se produisent, il suffit donc que, sous l'influence des radiations solaires, une dépression se forme chaque jour, au milieu des étendues d'eau, grâce à une zone de surchauffe et que l'air surchauffé et humide s'élève à grande altitude. La présence d'une haute chaîne de montagne facilite considérablement cette ascension et assure par suite l'uniforme production quotidienne d'un orage, mais ainsi que nous allons le voir elle n'est point indispensable.

« Le navigateur devine au loin les îles de l'Océan Pacifique, aux splendides piles de nuages qui planent au-dessus d'elles, non seulement quand elles sont élevées et montagneuses, *mais encore lorsqu'elles sont basses et composées de simples récifs de corail dépassant à peine la surface de l'eau.*

« Ces masses de nuages ne proviennent pas seulement des îles elles-mêmes, les courants ascendants produits à leur surface déterminent un appel d'air particulièrement sur la partie de l'Océan d'où vient le vent, et cet air apporte un fort contingent de vapeurs. [1]

De là résulte jusqu'à l'évidence que la présence d'un massif montagneux quelconque n'est point obligatoire. L'air chaud humide tend spontanément à s'élever vers le zénith ; en s'élevant il se détend, se refroidit, la vapeur se condense sur les atomes de poussières, sur les noyaux des embruns ; un nuage apparaît.

Le courant ascendant continuant à alimenter ce nuage, il s'accroît en tous sens et finit par acquérir une épaisseur suffisante, pour que les fines particules condensées grossissent dans leur descente à travers le massif nuageux, s'alourdissent et tombent en gouttes rapides.

Par cela seul que ce cumulus incessamment alimenté plane à bonne hauteur, l'atmosphère froide qui l'environne est peu apte à exercer une action dissolvante prépondérante ; la nuée s'étale, s'amplifie ; la pluie atteindra le sol, si grâce à l'épaisseur du nuage les gouttes formées ont pu grossir suffisamment.

Notons que cette ascension peut avoir lieu malgré la brise, en raison de la grande force ascensionnelle d'une masse d'air chaud, humide, et même si la brise est légère elle doit faciliter l'abondance des précipitations pluvieuses dues à un simple îlôt. Il n'est qu'une condition vraiment indispensable à la production des orages locaux, c'est qu'en une zone déterminée des mers ou des lacs de surface suffisante, l'eau soit surchauffée, l'évaporation très active ; or, c'est là ce qui se produit spontanément sur les récifs coralliens qui affleurent la surface des océans.

Pour produire ces zones à très hâtive évaporation, il suffit de revêtir les eaux d'une pellicule flottante douée de capillarité, apte à capter l'intégralité des radiations solaires et à favoriser l'émission des vapeurs.

Les prairies aquatiques d'herbes vivantes se développant, se reproduisant sans cesse, luttant pour l'existence et hérissant la surface de mille aspérités, paraissent devoir constituer la meilleure solution économique.

Orages de chaleur continentaux ou maritimes des latitudes moyennes.

Ce n'est point seulement dans la zone tropicale et au large des océans ou sur leurs bords que pendant la période d'été tendent à se produire chaque jour des pluies d'orage ; le même phénomène a lieu en plein continent aux latitudes moyennes, mais il nécessite alors plus impérieusement le voisinage de massifs montagneux de très haute altitude et une configuration générale des versants favorisant la production des orages.

1. MARIÉ-DAVY, *Météréologie générale*, p. 308.

« Sur le pic de Grondone (Italie) tous les jours il se forme un nuage électrique qui après quelques heures éclate[1]. »

Saussure et Bravais ont donné, des orages locaux qu'ils ont observés, le premier au Col-du-Géant (Mont-Blanc), le second sur le Faulhorn, une description en tout identique à celle précédemment relatée pour Kingston, Cameroun et les îles Sandwich.

« Là encore la nuit est très belle, puis dans la journée, quand la température s'élève, la montagne s'entoure d'un nuage qui grossit rapidement et finit souvent par être le siège d'un violent orage. Le temps redevient beau pendant la nuit et très fréquemment il est resté beau toute la journée à une petite distance sur les plaines, c'est donc encore un orage absolument local.

« La seule différence entre les orages de chaleur des pays tropicaux et ceux des montagnes dans les latidudes moyennes est que les nuages qui forment ces derniers paraissent atteindre une hauteur beaucoup plus grande : ils montent d'ordinaire en Suisse au-dessus des sommets les plus élevés, tandis que dans les îles Sandwich, par exemple, *ils ne dépassent guère 2000 à 3000 mètres*. Du large, les navires aperçoivent alors le sommet de la la montagne s'élevant dans un ciel pur au-dessus des nuages orageux. Cette différence s'explique aisément du reste par la différence de l'humidité de l'air dans les deux cas. L'air au-dessus de la mer, dans les régions tropicales, n'est *pas plus chaud* qu'au pied des montagnes de l'Europe centrale en été, mais il contient beaucoup plus de vapeurs d'eau, la condensation doit donc y commencer à un niveau moins élevé[2]. »

Ainsi qu'on le voit, même aux latitudes moyennes, peuvent se former des orages de chaleur, se reproduisant quotidiennement et donnant la pluie là où toutes les conditions favorables sont réunies. Ils se forment moins régulièrement malgré de très vigoureux reliefs, là où les étendues d'eau, lacs ou étangs, sont trop limitées ou nulles (Notons que le Faulhorn domine le lac de Brienne), et deviennent fort rares, mais sont cependant encore possibles loin du voisinage de toute nappe d'eau productrice de vapeur, et de toute puissante cascade productrice d'ions.

Telle paraît être la situation des régions des Hautes-Alpes visées par Surell, dans son étude sur les torrents.

« Dans les Alpes, dit cet éminent ingénieur : Il se passe des mois, presque des années sans recevoir de pluie. Puis tout à coup les nuages *arrivent de tous les points de l'horizon*, s'entassant comme pressés par des vents opposés, et fondent en torrents qui entraînent tout dans leur cours[3]. »

« Les pluies sont rares dans ces montagnes, mais elles tombent par averses épaisses à la manière des trombes[4]. »

« Toute la pluie de ces régions est donnée par quelques averses d'orage[5]. »

1. De la Rive, *Traité d'Électricité*, p. 123.
2. Angot, *loc. cit.*, p. 340.
3. Surell, *Etude sur les torrents des Hautes-Alpes*. p. 122.
4. Id., *Id.*, p. 126.
5. Ibid., *Ibid.*, p. 42.

Nous nous trouvons ici dans les conditions les moins favorables, c'est une colonne d'air, chaud et peu humide qui s'élève au-dessus des cirques dénudés des bassins de réception des torrents. Aussi n'est-ce point au-dessus même de ces cirques, au centre de la colonne d'air ascendant que se produisent les nuages, ils se forment sur son pourtour et *paraissent accourir de tous les points de l'horizon.*

Au-dessus de la zone surchauffée se produit une dépression, il y a appel : le vide ne peut être comblé par le bas, les bassins de réception affectant la forme d'entonnoir. C'est par un afflux d'air cheminant au-dessus de la montagne que la dépression tend à se combler. Ces masses d'air sont entraînées dans le mouvement ascensionnel et, arrivées à altitude suffisante, le point de condensation étant atteint, puis dépassé, l'orage éclate, la pluie tombe.

Finalement la seule condition absolument essentielle, à la production des orages locaux, c'est qu'une zone de terrain soit surchauffée par rapport au terrain limitrophe, qu'un courant d'une énergie ascensionnelle considérable s'établisse ; mais faut-il encore que cette colonne ascendante d'air sec et chaud ne soit point de dimension énorme, sinon l'afflux d'air froid, humide par la périphérie devient insuffisant, pour que le point de saturation soit atteint.

Telle doit être la situation générale sur la côte occidentale du Sahara.

Des indications précédentes résulte que les pluies de chaleur n'exigent le concours que d'un nombre très limité de conditions, qu'elles peuvent se produire par des processus différents mais très simples, que par suite en mettant à profit les configurations topographiques favorables et les parachevant, on pourra souvent obtenir une amélioration sensible de la pluviosité des régions arides.

L'impossibilité de l'utilité de l'intervention de l'homme pour produire les pluies étant écartée, nous pouvons maintenant nous livrer à une étude moins sommaire de chacun des éléments à mettre en œuvre et distribuerons comme suit nos matières :

1° Accroissement de l'évaporation des continents ;

2° Accroissement de l'évaporation des océans, des mers et des lacs ;

3° Utilisation des accidents topographiques favorables, lacs, étangs, dépressions submersibles auprès des massifs montagneux ; baies, lagunes littoraliennes, îlots, hauts-fonds marins ou lacustres ;

4° Production des pluies locales ;

5° Ultérieurement nous publierons une Etude des divers moyens propres à faciliter la résolution des nuages en pluie.

Notre premier chapitre comporte les divisions suivantes :

Accroissement de l'évaporation des continents. Modalités diverses.	Réduction au minimum des ruissellements.	Retenues d'eau en montagne. Forêts. Etangs d'évaporation. Zones d'irrigation. Remise en eau des marais : leur transformation en étangs de retenue. Barrage des vallées.
	Utilisation des fleuves et rivières.	Création de vastes zones d'irrigation. Reconstitution des lacs, des étangs.

Qu'il s'agisse de créer des sources, de reconstituer les rivières, ou d'accroître les pluies, le premier effort de l'homme doit évidemment tendre à la réduction au minimum des eaux continentales qui vont se jeter inutilement dans les mers.

Influence des forêts sur les pluies.

La forêt qui, nous l'avons vu, est très défavorable à la production des sources dans les régions peu pluvieuses et chaudes, constitue au contraire un auxiliaire des plus précieux pour faciliter la retenue, sur les versants des montagnes, de grandes quantités d'eau, et ce, en raison de la grande capacité de retenue du revêtement spongieux dont elle couvre le sol, et cette eau ainsi emmagasinée même sur des versants abrupts va peu à peu être déversée dans l'atmosphère et accroître quelque peu son humidité.

L'antinomie de la production des sources et des pluies est manifeste et nous amène à conclure que dans les régions arides il faudra en genéral cantonner ces deux fonctions adverses en des surfaces distinctes de chaque localité.

Si toutefois des ruissellements copieux se produisent chaque année, et que la topographie des terrains permette de les utiliser à la suralimentation d'un massif boisé susceptible d'engendrer des sources, cette solution pourra être adoptée, la perte par transpiration due aux végétaux devenant négligeable, si ce massif reçoit dix fois ce que la pluie lui aurait spontanément donné. Mais, le plus fréquemment, dans les régions très arides on sera contraint, pour obtenir des résultats marqués, à localiser la production des sources aux massifs rocheux et perméables dénudés.

Ces localisations sont la loi générale. Dans tout être tant soit peu élevé, ce sont des organes distincts, ayant des fonctions différentes, qui coopèrent les uns à la défense de l'individu, les autres à son alimentation. Nous devons tendre à ces localisations, si les conditions locales les rendent nécessaires, et il ne faut point sacrifier le certain au problématique. Il y a lieu de mettre en parallèle ces deux états économiques bien distincts ; d'une part, la diffusion journalière par la forêt d'une certaine quantité d'eau sous forme de vapeurs qui pourront, peut-être, contribuer à une pluie régionale de temps à autre ; d'autre part, l'utilisation quotidienne par nos plantes culturales de ces 20 mètres cubes d'eau enfouis que chaque hectare de forêt va diffuser chaque jour, et ne point oublier que nos céréales, nos légumes, nos vignes, les restitueraient également à l'atmosphère tout comme les arbres forestiers, si ces eaux avaient contribué à alimenter une source servant aux irrigations.

C'est donc, en premier lieu, à la très copieuse alimentation des sources et cours d'eau que l'homme doit consacrer tous ses efforts. Cette première œuvre accomplie, il s'emploiera à diminuer l'aridité de l'atmosphère ; il ne faut point d'ailleurs s'exagérer l'importance du contingent de vapeurs que les forêts des régions arides peuvent donner. Supposons que le sol forestier ait retenu une lame d'eau de 0 m. 365, ce qui est excessif, et que cette eau soit disséminée dans l'air par transpiration de l'arbre en une période ne dépassant point six mois, chose inadmissible. Chaque hectare de forêt évaporera vingt mètres cubes d'eau par jour ; cette vapeur d'eau sera d'ailleurs distribuée sur un énorme volume d'air.

La condensation dans ces conditions ne pourra en général s'effectuer que sous des climats beaucoup plus froids et non dans la région même.

La forêt exerce d'ailleurs d'autres influences, elle atténue quelque peu les variations thermométriques diurnes. De jour, la température est un peu moins élevée à quelques mètres au-dessus des forêts (un degré environ). De nuit l'inverse se produit. Le rayonnement calorique vers le ciel étant moindre, les masses d'air que les vents font remonter sur les versants boisés atteindront plus promptement de jour leur point de saturation. C'est à l'état de déboisement des versants des Pyrénées que M. Angot attribue la pénurie de leurs pluies d'été.

Dans sa brochure *Forêts et Pluies*, M. le professeur Henry, admet que les masses boisées humidifient et refroidissent l'air au-dessus d'elles jusqu'à une grande hauteur et favorisent par suite les pluies. Il importe de voir dans quelle mesure s'exerce cette action.

M. Fautrat a établi que l'air à quelques mètres au-dessus des bois contient en dissolution plus de vapeur d'eau que l'air sis à même hauteur au-dessus des plaines, nues ou cultivées, et que les forêts résineuses en dégagent plus que les forêts feuillues.

« *Si les vapeurs dissoutes dans l'air*, dit cet auteur, *étaient apparentes comme le brouillard* ON VERRAIT les forêts entourées d'un vaste écran humide, et chez les résineux l'enveloppe serait plus épaisse que chez les bois feuillus [1].

« *On voit* assez souvent, ajoute M. Henry, cet écran sous forme de *petits nuages*, restant immobiles au-dessus des forêts, même quand le vent est sensible. » Nuages sur forêts

Nous craignons fort que sur ce dernier point il y ait méprise. Si des nuages se formaient au-dessus des forêts, ce fait eût été constaté déjà mille et mille fois, et M. Fautrat l'aurait noté quelquefois, pendant les années qu'il a consacrées à la mensuration des pluies sur forêts et hors forêts.

Recherchons d'où peut provenir la méprise.

« Un jour que je passais (en ballon) au-dessus de la forêt de Villers-Cotterets, rapporte M. Flammarion, j'ai été fort surpris de voir, pendant plus de 20 minutes, un petit nuage qui pouvait avoir 200 mètres de long, sur 150 de large, et qui était sus-

1. M. HENRY, *Les Forêts et les Pluies*, p. 11.

pendu immobile à 80 mètres environ au-dessus des arbres. En approchant nous en vîmes bientôt 5 ou 6 plus petits disséminés et également immobiles.

« Cependant l'air marchait à raison de 8 mètres par seconde. Quelle ancre invisible retenait ces petits nuages ? En arrivant au-dessous nous reconnûmes que le principal était suspendu au-dessus d'une pièce d'eau et que les autres marquaient le cours d'un ruisseau. C'était un courant ascendant d'air humide qui s'élevait de là, et dont l'humidité invisible atteignait son point de saturation et devenait visible en traversant le vent frais qui soufflait au-dessus du bois[1]. »

De là, paraît résulter que ce qu'une immense forêt ne peut produire, savoir un nuage, un très modeste étang peut l'engendrer ; et, c'est qu'en effet toutes les conditions diffèrent dans l'évaporation des bois d'une part, et des pièces d'eau d'autre part. Dans le premier cas, il y a diffusion dans l'énorme masse d'air qui baigne le massif forestier, l'accroissement d'humidité ne peut être que fort limité. Il en est tout autrement de la colonne d'air qui s'élève au-dessus d'un étang peu profond, surtout lorsque le soleil est déjà haut sur l'horizon ; l'eau emmagasine le calorique, s'échauffe, l'évaporation par unité de surface est plus grande, et ici la surface d'émission est continue, la colonne d'air formée sera plus chargée de vapeurs et plus chaude que sur forêt, par suite plus légère, elle aura donc tendance à s'élever ; il y aura bien appel latéral, mélange, mais la dilution s'effectuera dans de moindres proportions.

Dans la forêt, chaque feuille est baignée largement dans l'air, la surface d'évaporation est il est vrai considérable, mais très disséminée, et en outre l'émission de vapeur par unité de surface très modeste, la dilution sera par suite considérable.

Finalement, un massif forestier est très apte à humidifier légèrement une très grande masse d'air, et non à produire une colonne d'air relativement chaud, et très humide ; or, c'est là la condition essentielle pour qu'un nuage puisse se former au-dessus d'une surface limitée. L'on s'explique dès lors fort bien pourquoi il ne se crée point de nuages sur les forêts, et pourquoi tout au contraire il s'en forme sur les pièces d'eau mille fois moindres.

Trombes terrestres.

Il convient, pour progresser dans notre étude, de mentionner ici le fait dont le physicien Kæmtz fut témoin près de Viesbaden.

Après une forte pluie les nuages s'étant divisés, le soleil parut et il vit une colonne de brouillards s'élever constamment d'un même point, il y courut : c'était une prairie fauchée, entourée de pâturages couverts d'une herbe très haute qui s'échauffant moins que la surface fauchée donnait lieu à une évaporation moins active, dit-il.

Notre explication sera un peu plus détaillée.

Grâce au plus grand échauffement de la parcelle fauchée, une colonne d'air chaud ascendante s'élevait au-dessus ; la dépression barométrique ainsi formée

1. Flammarion, *L'Atmosphère*, p. 627.

donnait lieu à un appel latéral au niveau du sol des vapeurs émises par tout le pâturage et grâce à cette accumulation vers une colonne ascendante de section minime, par rapport à l'étendue des surfaces d'évaporation, cette colonne engendrait un nuage, ce qui n'aurait pas eu lieu sans cette localisation.

Ces localisations sont d'ailleurs très fréquentes. A bien des reprises l'on a constaté l'entraînement vers le ciel à grande hauteur du foin, du linge, au milieu des prairies fauchées, et cela pendant les heures chaudes des belles journées d'été.

Rien donc de plus aisé que de provoquer la formation de ce que l'astronome Faye appelle des fausses trombes et de reconnaître leur grand pouvoir de sustentation et de transport vertical à grande altitude. Leur formation est spontanée, là où existe un terrain surchauffé. une butte conique de sable par exemple.

Pendant son séjour en Egypte, M. Raoul Pictet, professeur à l'Ecole Polytechnique du Caire, fit l'observation suivante, le 2 juin 1873, dans le désert de l'Abassich, à trois kilomètres au nord-est du Caire :

« Temps parfaitement serein ; matinée de calme absolu jusqu'à midi, brise très légère au milieu du jour ; à 3 heures la brise du soir commence à se faire sentir.

« Dès six heures du matin on a suspendu à un pieu à 1 m. 50 de hauteur, un thermomètre bien abrité et quatre autres thermomètres ont été enterrés aux environs, à 0 m. 01 de profondeur.

« 10 h. 5'.— La température de ces quatre thermomètres variait de 83° à 88°. On aperçoit au sommet du mamelon de sable (ce sable était extrêmement fin et consistait en partie en ancien limon du Nil) les commencements d'un mouvement giratoire.

« 10 h. 15'. — Le mouvement s'accentue.

« 10 h. 30'. — La trombe se forme ; elle commence à devenir opaque. Une grande feuille de papier blanc est aspirée et tournoie en décrivant trois circonférences de 3 mètres de diamètre en deux secondes. On voit la colonne de sable ayant la forme d'un solide de révolution à génératrice concave dans le bas et à peu près rectiligne et inclinée dans le haut. Hauteur 20 mètres.

« 10 h. 40'.— La feuille de papier s'aperçoit par instant à la hauteur ci-dessus L'effet de succion dans le bas augmente sensiblement. Thermomètre à l'ombre, 34°5. Le thermomètre à maximum, introduit un instant dans le bas de la trombe marque 51°8. Les plumes légères répandues à quelque distance du pied de la trombe sont aspirées vers le bas : on les voit gravir le mamelon et s'engouffrer dans l'intérieur du tourbillon.

« 11 heures. — La colonne est apparente jusqu'à 500 mètres. Il est impossible de voir nettement le sommet. La partie la plus rétrécie est à 5 mètres du sol et n'a que 2 mètres de diamètre ; puis elle va en s'évasant jusqu'à une grande hauteur. La vitesse de rotation constatée par des feuilles de papier est d'environ un tour par seconde.

« 11 h. 50'. — Une très légère brise du Sud se fait sentir, la trombe se déplace et chemine lentement. M. Pictet la suit en marchant à la vitesse de 0^m5 à 0^m8 par seconde. Pas de signe d'électricité.

« Midi. — Trombe à peu près stationnaire, hauteur estimée à un millier de mètres. On aperçoit, par intervalles, les feuilles de papier qui tournoient encore dans l'air. La trombe jusqu'à 40 mètres est bien tranchée et complètement opaque. M. Pictet peut la traverser en se couvrant la figure avec les mains. A l'intérieur, ses vêtements tourbillonnent ; la température élevée le contraint de sortir.

« 2 heures. — La trombe se meut lentement vers l'Est. Elle continue à tourner avec les mêmes apparences.

« 3 heures. — Le vent de mer du soir s'élève et chasse la trombe avec assez de rapidité du côté de la chaîne de Mokatan.

« 3 h. 30'. — M. Pictet perd de vue la trombe qu'il suppose s'être anéantie en atteignant le pied de la montagne[1]. »

Sous l'influence des radiations solaires, l'air tend à s'élever là où l'échauffement est maximum. La moindre butte peut donner naissance à cette colonne ascensionnelle laquelle se révèlera immédiatement à la vue, si cette butte de forme conique est recouverte de fines poussières ; quant au mouvement giratoire, que l'on constate dans toutes les trombes et fausses trombes, il paraît être un mode très fréquent de déplacement des masses fluides, non une rare exception, et il est aisé de faciliter sa formation, à l'aide de cloisons directrices, telles que des plantations d'arbres.

Dans cette observation de M. Pictet, nous voyons les particules de sable s'élever en une colonne de 1,000 mètres d'altitude, laquelle persiste pendant plusieurs heures malgré la brise et se déplace sans se rompre, entraînée par le courant. C'est là un fait bon à retenir, nous le mettrons à profit pour la production des pluies d'orage, à cette différence près que c'est au milieu des surfaces d'eau que nous provoquerons ces mouvements tourbillonnaires ascendants.

Cette digression épuisée, revenons aux forêts.

Forêts et aérostats

Dans le rapport de la *Commission d'études forestières* du Gouvernement général de l'Algérie de 1904, il est dit :

« Le colonel Renard estime qu'il y a entre la couche d'air du sol et celle qui recouvre une forêt, une différence de température et d'humidité qui équivaut à une altitude de 1,500 mètres, c'est-à-dire qu'au-dessus d'une forêt d'une certaine étendue, telle que celle d'Orléans, *un ballon s'élève brusquement comme s'il rencontrait une montagne de 1,500 mètres de haut.* »[2]

Antérieurement, un forestier non moins convaincu, avait appris au public que la forêt, grâce à l'électricité qu'elle dégage, pouvait être assimilée au plateau d'une immense machine électrique, qu'elle attirait les nuages, les faisait descendre et les contraignait ainsi à se résoudre en pluie.

Ainsi qu'on le voit, pour les gens convaincus, quelle que soit la variation de niveau que subit un nuage ou un ballon, en passant au-dessus d'un massif boisé,

1. H. Faye, *Nouvelle Etude sur les Tempêtes*, p. 59.
2. *Commission d'études forestières*, p. 56.

soit qu'il monte, soit qu'il descende, il en résulte clairement que la forêt fait pleuvoir. Actuellement, on va plus loin encore ; la présence d'un massif boisé produit exactement les mêmes effets qu'une chaîne de montagnes de quinze cents mètres d'altitude. Un courant atmosphérique venant frapper sur la colonne d'air qui domine un bois va être contraint de s'élever par-dessus, de se détendre, de se refroidir, tout comme s'il rencontrait un relief inflexible.

A-t-on bien réfléchi que s'il en était réellement ainsi, ces forêts constitueraient de véritables calamités pour les régions situées immédiatement à l'aval des vents pluvieux. Celles-ci recevraient, en effet, beaucoup moins d'eau qu'il ne leur en serait distribué en l'absence de la forêt.

Les reliefs de montagnes accroissent bien la pluie sur leur versant amont, mais ils assèchent d'autant l'autre versant.

« Les pluies de relief produisent, non pas tant, une augmentation de la quantité totale de pluie qui tombe sur l'ensemble de la région, qu'une irrégularité dans la distribution de cette pluie. Ce qui tombe en trop d'un côté est compensé au moins en partie, parce que l'on recueille en moins du côté opposé... Derrière le maximum des Vosges se trouve le minimum de la vallée du Rhin ; derrière celui des montagnes d'Auvergne, le minimum de la vallée de l'Allier, etc. »[1]

Il y a mieux encore ; le climat d'une plaine devient, dit-on, identique, si on la boise, à celui qu'il serait si l'on exhaussait le sol de quinze cents mètres. C'est ainsi qu'Orléansville, grâce à ses bois de pins, jouit d'un climat de montagne. Les nuits d'été y sont froides et humides et c'est à tort que les habitants attribuent à une chaleur intolérable leurs insomnies !

Il y a dans ces dires une fiction déraisonnable plus propre à faire méconnaître les très précieuses et réelles qualités de la forêt qu'à accroître le nombre de ses adorateurs.

Le rapporteur de la Commission forestière s'est laissé entraîner par un enthousiasme exubérant : *les ballons ne s'élèvent point lorsqu'ils passent au-dessus d'une forêt, tout au contraire, ils descendent.*

L'influence des boisements n'est certes point négligeable, mais elle est tout autre et beaucoup plus modeste et voici comment M. le professeur Henry l'apprécie avec juste raison :

« Il paraît démontré, dit-il, par toute la série d'ascensions faites jusqu'ici, que l'influence de massifs d'une étendue semblable à celle de la forêt d'Orléans est sensible jusqu'à une hauteur de 1,500 mètres environ.

« Si une masse d'air humide et chaud, voisine de son point de saturation, vient heurter cette colonne de 1,000 à 1,500 mètres, formée d'air humide refroidi par l'évaporation, il y a là une condition favorable à la condensation d'une certaine portion de la vapeur d'eau, sous forme de brouillards ou de petites pluies. Il doit donc tomber plus d'eau sur les grands massifs boisés et leurs alentours, que sur les plaines nues et cultivées[2].

1. A. Angot, *Météorologie*, p. 226.
2. E. Henry, *Forêts et Pluies*, p. 14.

Nous nous rallierions bien à cette manière de voir, mais demandons au préalable à examiner de plus près les choses. Il est fort regrettable que jamais jusqu'ici l'on n'ait mesuré la température et l'humidité de l'air à *quelque hauteur* au-dessus des bois ; jusqu'à ce que ces déterminations aient été faites, il est permis de douter que l'explication donnée jusqu'ici de la descente des ballons sur forêt soit bien attribuable à une colonne d'air froid et humide, *engendrée par les bois.* S'il en était ainsi, cette colonne se manifesterait par la formation de fréquents nuages ; or, il n'en est rien, c'est là une première objection. N'est-il pas plus vraisemblable d'admettre que l'échauffement du sol étant plus considérable de jour hors des forêts et le rayonnement calorique plus intense, la circulation de l'air est ascendante autour des massifs, descendante sur le massif lui-même et c'est pourquoi les aérostats sont entraînés dans le mouvement de descente. A cette influence s'en ajoute une autre contribuant au même résultat. L'aérostat qui plane au-dessus des bois, reçoit moins de calorique du sol par rayonnement, il se refroidit, se contracte et par suite descend.

Enfin, comment admettre la persistance d'une colonne *d'air froid ascendant* au-dessus d'un massif. Si d'une part un léger accroissement d'humidité (une fraction de gramme par mètre cube) allège quelque peu l'air, d'autre part le refroidissement l'alourdit, et suivant température et degré d'humidité la colonne devra être souvent descendante et non constamment ascendante ou immobile.

Quoi qu'il en soit, l'on doit admettre que la forêt peut faciliter : 1° les pluies qui tendent à se former lorsque deux masses d'air humide saturé se mélangent. C'est vers 1,000 mètres au-dessus du sol que l'humidité est en général maximum. Une colonne d'air descendant peut donc être plus humide et pour qu'elle reste froide il suffit que le mouvement de descente soit très lent ; 2° les pluies de relief des jours d'été, grâce au moindre échauffement des flancs des montagnes boisées ; 3° l'on peut aussi dire que par les frottements, les tourbillonnements qu'elle fait naître, elle tend à diminuer la vitesse des vents, d'où une cause nouvelle d'accroissement des précipitations météoriques ; 4° nous pensons en outre qu'elles contribueront à la production des pluies d'orage si en leur centre existe un vaste étang de minime profondeur recouvert de prairies aquatiques.

La pièce d'eau provoquera la formation d'une colonne d'air chaud humide ascendant, il y aura appel latéral des vapeurs émises par la forêt, concentration en une aire limitée, exhaussement à haute altitude et par suite possibilité de condensation et pluie.

Les conditions sont, on le voit, absolument différentes, suivant que l'on suppose : qu'une masse d'air froid humide s'élève au-dessus de toute une forêt, cas qui doit être rare, situation qui ne peut, grâce à la dilution énorme que les vapeurs vont subir en se diffusant au-dessus de tout le massif forestier sur une hauteur de 1,000 à 1,500 mètres, donner lieu qu'à un accroissement d'humidité dérisoire et par suite inefficace, ou que grâce à l'appel fait, en une zone limitée, toutes les vapeurs émises par la forêt y convergent, puis sont entraînées à grande altitude par une colonne d'air chaud humide ascendant.

Nous venons de voir que la meilleure situation favorable aux pluies sera réalisée, si au centre du massif boisé, existe une vaste étendue d'eau susceptible de s'échauffer sous l'influence des radiations solaires.

A défaut de tout étang, de tout marais, de tout champ irrigué, les pluies d'orage pourront encore se produire (plus difficilement, il est vrai) grâce à la présence d'une zone dénudée, donnant naissance à la colonne ascendante ; un massif rocheux aride, une butte à relief accusé, faciliteraient aussi leur production.

Peut-être est-ce à ces accidents locaux, dont jusqu'ici l'on n'a point tenu compte, qu'il faut attribuer l'inégale influence des forêts sur les précipitations atmosphériques.

Accroissement des pluies par les forêts.

D'après M. Henry, des accroissements de pluie sur forêts ont été constatés en diverses régions ; France : Forêt d'Halatte (Oise), de Tronçais (Allier), de Mormal (Nord) ; en Allemagne : Landes de Lunebourg, forêt de Nuremberg ; en Russie, et dans les Indes.

« Mathieu, à Nancy, a trouvé que la tranche pluviale est de quinze centimètres plus épaisse sur la forêt ; Ebermayer, en Allemagne ; Bouvard, à Mormal, et Blanford aux Indes ont constaté que la hauteur de pluie a été en moyenne de 12 pour cent plus grande en forêt qu'en plein champ[1]. »

D'autre part, il est dit dans cette même étude :

« Dans l'immense plaine des Landes de Gascogne, la pluie tombe en égale quantité sur la forêt de pins et sur les champs cultivés voisins[2]. »

Il s'agit là, notons-le, de massifs boisés très importants et, d'après M. Fautrat, les forêts de pins évaporent plus que les autres essences. D'où vient cette exception à la loi qui paraît se dégager des constatations énumérées ci-dessus.

Au fond, s'agit-il bien d'une rare exception ? C'est précisément parce que l'ingénieur Vallès avait constaté en quelques régions que les pluies étaient moins abondantes sur forêts que sur terres nues ou terres de culture, qu'il avait été amené à conclure à la diminution des pluies par les boisements.

« M. Belgrand nous apprend, dit-il qu'il pleut beaucoup plus à Vézelay (Yonne), qu'à Avallon. Ainsi en 1852 il est tombé 881 millimètres de pluie dans la première localité, 0m581 seulement dans la seconde, cependant la distance qui sépare ces deux villes est peu considérable ; elle ne dépasse guère 3 lieues à vol d'oiseau ; en outre les altitudes sont très sensiblement les mêmes, il y a donc parité géographique et topographique dans les deux cas. La seule chose qui soit très différente c'est l'état général des cultures ; M. Belgrand nous dit en effet que dans les environs de Vezelay les versants sont beaucoup moins boisés que ceux d'Avallon et comme cette différence est la seule qui existe dans ces contrées, n'est-on pas fondé à conclure qu'il pleut moins sur les forêts que sur les terrains dénudés[3]. »

1. E. Henry, *Forêts et Pluies*, p. 15.
2. E. Henry, *Eaux et Pluies*, p. 9.
3. F. Vallès, *Etudes sur les Inondations*, p. 44.

Les accroissements de pluviosité constatés, tant à Paris qu'à Viviers, qu'à Milan, coïncidant avec la diminution des forêts pour d'assez longues périodes de temps, confirmaient cette thèse. L'ingénieur Vallès n'était point seul à la professer, Arago, Becquerel faisaient de même.

Les observations nouvelles, signalées par M. E. Henry, poursuivies avec plus de méthode et de précision, en vue de la vérification d'une loi météorologique de haute importance nous paraissent devoir rallier l'opinion à son avis, mais il serait bon, pour arriver à explication des deux thèses contradictoires en présence, que l'analyse des phénomènes en jeu et des actions pertubatrices locales soit poussée plus à fond. Il faudrait discerner les forêts de plaine des forêts de montagnes, les forêts à essences feuillues des forêts de résineux, noter les accidents topographiques : étangs, marais, monticules ; enfin distinguer les pluies de jour de celles de nuit, les pluies locales d'orage des pluies générales de convection.

Très vraisemblablement l'on arriverait ainsi à établir une loi générale embrassant des faits d'apparence contradictoire, en raison du trop grand nombre d'éléments qui interviennent et dont les influences sont parfois opposées.

Enfin cette analyse minutieuse permettrait de reconnaître les conditions auxquelles les forêts doivent satisfaire *pour accroître les précipitations météoriques dans une mesure vraiment efficace.*

Admettons qu'il soit établi d'une façon indubitable qu'elles augmentent de 12 pour 100 en moyenne la pluie en leurs états actuels.

La retenue par les feuilles, les branchages, atteint 50 pour 100 pour les résineux et varie de 10 à 30 pour cent pour les forêts à essences caduques, de sorte que finalement le sol forestier reçoit moins d'eau que les champs voisins. L'accroissement constaté est donc insuffisant, inefficace, inopérant. Sûrement il doit être possible d'obtenir des accroissements plus marqués en favorisant l'établissement d'une circulation convergente des vapeurs au lieu de les laisser se disséminer dans une trop grande masse atmosphérique. Il y a là une voie nouvelle de recherches à poursuivre en vue d'accroître la pluviosité des régions forestières.

Résumons tout ceci en disant que la forêt étant nuisible aux sources et favorable aux pluies, on devra, après avoir aménagé les massifs montagneux les plus propices à l'infiltration, en vue de leur très copieuse suralimentation, tendre à l'accroissement des pluies en boisant les terrains inaptes et aux sources et aux cultures, en raison de leur compacité, de leur stérilité naturelle ou de leur trop grande inclinaison et mettre à profit les accidents locaux, monticules et dépressions susceptibles d'accroître les pluies d'orage des massifs forestiers.

Etangs d'évaporation, zones d'irrigation, barrage des vallées, lacs, chotts, sebkhas.

La possibilité des pluies sera évidemment augmentée, par l'accroissement de l'évaporation locale et celle-ci dépend de l'importance des masses d'eau, mises en réserve durant la saison pluvieuse, tant à la surface du sol qu'en profondeur, toutes ces eaux devant finalement être restituées à l'atmosphère par la transpiration des végétaux ou l'évaporation des terres. Nous devons donc ici encore disposer toutes choses pour réduire au minimum la masse d'eau qui va inutilement se jeter dans les mers. Il nous faut utiliser toutes les dépressions du sol, les transformer en étangs, reconstituer les lacs, exhausser leurs seuils, barrer les gorges étroites des ravins favorables aux vastes retenues d'eau.

L'homme a commis une grave erreur en asséchant, en pays arides, pour les livrer à la culture les terrains qui étaient submergés. Il eût été certes bien préférable de transformer les marais en étangs, et d'utiliser vers la fin du printemps les eaux emmagasinées à la copieuse irrigation des terres situées à l'aval. On eut ainsi concilié tous les intérêts en présence : accroissement de la possibilité des pluies d'avril et mai en nos climats d'Algérie, et par suite augmentation des récoltes, sans rien sacrifier à l'hygiène. La crainte des moustiques et de la fièvre ne doit point faire oublier les misères qu'entraîne la pénurie des pluies et le danger redoutable des famines.

Dans les régions ayant déjà atteint un haut degré de culture, l'on ne peut espérer la remise en eau de très vastes surfaces ; dans les anciennes terres submergées se trouve accumulé l'humus et par suite l'azote, autrement dit la fertilité. Il serait par suite en général onéreux de les transformer en étangs.

Cependant, cette pratique culturale se maintient encore en quelques pays de France : dans la Bresse, la Sologne, la Brenne, la Haute-Champagne notamment. En ces régions l'on a recours à l'assolement suivant : pendant deux ans un terrain sert d'étang d'empoissonnement, puis la troisième année il est remis en culture. C'était là une méthode d'exploitation très fructueuse autrefois, et l'on n'estimait pas à moins de 2 à 300 francs le revenu net par hectare donné par la vente du poisson ; mais, avec la réduction des frais de transport des poissons de mer, l'opération doit être sans doute moins avantageuse à cette heure et cette industrie des eaux, en raison des dangers qu'elle présente pour l'hygiène publique, ne saurait être recommandée en pays chauds que là où le maintien rigoureux d'un niveau invariable dans les étangs serait assuré par des sources ou des rivières à débit permanent.

Il convient toutefois de rappeler que sous le règne des Sésostris, voici quarante siècles, l'Egypte tirait grand profit pour l'alimentation de ses trente millions d'habitants, de l'empoissonnement du lac Mœris créé par le roi de ce nom, pour emmagasiner partie des crues du Nil.

Si, disons-nous, il y a peu à compter sur un grand accroissement des étangs et des lacs dans les contrées déjà très civilisées, il n'en est certes point de même dans les régions moins avancées et notamment aux colonies. Le sol n'ayant ici qu'une modeste valeur, la densité de peuplement étant moindre, il sera plus aisé de pondérer en vue du meilleur résultat final, l'étendue des cultures, des forêts, des surfaces d'eau.

L'on devra avant d'entreprendre l'assèchement des vastes plaines marécageuses, prendre en sérieuse considération la répercussion que cette diminution d'évaporation pourrait exercer sur le régime des pluies ; tenir compte à la fois : des diminution de récoltes que subiront les régions voisines, de l'accroissement de richesses que donnera la mise en culture de ces marais, et voir si l'on ne peut concilier tous les intérêts en jeu, par la transformation de partie de ces terrains en étangs d'irrigation asséchables en temps opportun.

Comme première étape, mieux vaudra le plus souvent ne point les livrer à la colonisation, attendre que la densité du peuplement nécessite réellement cette mise en culture.

A fortiori, l'on se gardera bien de faire de coûteux travaux pour assécher les étangs, les lacs, les chotts, les grandes sebkhas telles que celles d'Oran, encore existants. Ainsi que nous le verrons par la suite, grâce à quelques légères modifications, ces surfaces d'eau seront nos auxiliaires les plus précieux pour accroître les pluies des régions arides.

Nous avons vu que les forêts pourraient sans doute, grâce à l'intervention de l'homme, contribuer aux pluies d'orage ; les zones marécageuses importantes des grandes plaines leur sont sûrement plus favorables encore ; mais nous reviendrons plus loin sur cette question.

Tout fait présumer d'autre part que de vastes étendues de cultures irrigables, non hérissées de multiples obstacles tels que haies d'arbres mal orientées, s'opposant à la concentration de vapeurs, vers une zone déterminée, peuvent leur donner naissance. La transpiration des végétaux l'emporte en effet sur l'évaporation des surfaces d'eau, même peu profondes ; il y a donc lieu ici encore après étude attentive de la topographie locale de voir si l'on ne peut faciliter la convergence vers une zone de surchauffe des exhalaisons aqueuses des grandes surfaces en culture.

L'idéal serait évidemment, de faire retomber chaque jour, sur la région même, le produit de l'évaporation diurne, la fertilité des terres serait ainsi assurée en tous lieux et ce à l'aide de quantités d'eau fort limitées ; ce n'est malheureusement point réalisable ; mais par les jours de grand calme et de beau soleil sans doute pourra-t-on ainsi donner naissance à quelques pluies locales.

Pour élucider ces questions et voir nettement quelle est l'étendue que doit avoir la zone de surchauffe, il serait bon que les cartes de distribution des pluies soient plus minutieusement établies ; que le nombre de pluviomètres soit considérablement accru ; que l'on ne relie point sur ces cartes par un trait continu des stations éloignées donnant un même total annuel.

Sauf pour les grands reliefs du sol, les influences locales particulières se trouvent ainsi masquées et l'homme n'est point incité à améliorer la pluviosité de la région qu'il habite.

Fleuves et pluies locales.

Les efforts dépensés à l'aménagement des eaux vont accroître à la fois et les pluies et les sources et les débits d'étiage des rivières. Le régime des eaux courantes s'améliorera peu à peu et permettra de réaliser de nouveaux et très importants progrès. Les régions traversées par des eaux pérennes surabondantes et notamment par les fleuves à vaste bassin hydrographique comprenant de puissants massifs montagneux sont dans des conditions tout particulièrement favorables à l'amélioration de leur pluviosité. Là il est permis à l'aide de dérivations faites en des points convenables, de transformer en lacs permanents les dépressions naturelles, il est loisible parmi ces dépressions de facile aménagement de choisir celles qui par leur configuration réunissent les conditions les plus propres à faciliter les pluies d'orage, l'on peut entourer de vastes ceintures de pièces d'eau peu profondes à très active évaporation quelques lignes de relief peu massives. Tout devra être disposé pour éviter la dissémination par petits paquets des vapeurs émises, et des allées d'arbres seront orientées de façon à favoriser la convergence de toutes les vapeurs vers la base de la colonne ascendante d'air chaud.

L'Algérie, la Tunisie accroîtraient, considérablement, l'importance des précipitations météoriques dont elles bénéficient à cette heure, en utilisant les débits sans emploi du Chéliff, de la Medjerdah et autres oueds et notamment leurs crues, à la création de multiples surfaces d'eau aménagées en vue de la génération des pluies. Ce même aménagement appliqué à leurs chotts, sebkhas (1906), guerrahs, etc., permettra de réaliser une première étape en avant dans l'œuvre de transformation climatérique de leurs territoires du Sud.

Sahara et Niger.

En ce qui concerne notre empire saharien, l'utilisation du Niger et du Sénégal permettra d'entreprendre par le Sud cette œuvre de restauration.

Grâce à l'immense crochet que décrit le Niger de la Guinée à Timbouctou, pour finalement piquer vers le Sud et aboutir au fond du golfe de Biafra, ce fleuve paraît pouvoir jouer un grand rôle.

Les pluies tombées sur la bordure de la zone équatoriale sont, par lui, reportées jusque vers le 17e degré sur les confins du Sahara. Gardons-nous de réaliser là l'œuvre d'assèchement systématique poursuivie par l'homme sur tous les points du globe, utilisons ce fleuve à la submersion des vastes dépressions, résignons-nous même à créer des zones absolument insalubres interdites à la colonisation, employons tous nos efforts à faire reculer peu à peu l'étendue saharienne.

Russie

Ce n'est point seulement dans les colonies, mais bien aussi dans les contrées encore peu habitées de la vieille Europe que peut être poursuivi, avec quelque envergure et par suite avec plus de chance de succès, l'accroissement de la pluviosité. La Russie offre un vaste champ d'application à cet ordre de progrès ; sa zone méridionale souffre fréquemment de l'insuffisance des précipitations météoriques et, par suite, des disettes. Souhaitons qu'elle ne s'inspire point exclusivement des seules vues hygiénistes, qu'elle se garde d'assécher à fond toutes les parties marécageuses de son immense plaine, plus grande à elle seule que moitié de l'Europe et qu'elle mette à contribution ses puissants fleuves, pour accroître l'étendue des surfaces d'eau douce permanente. Elle trouvera un puissant appoint pour sa subsistance dans la transformation en étangs à poissons de ses vastes marécages du Pinsk, de Tourgaï, de la Vistule, etc., en même temps qu'elle accroîtra ses récoltes.

<table>
<tr><td rowspan="2">Accroissement de l'évaporation des océans, des mers et des lacs.</td><td>Accroissement des surfaces submersibles communiquant avec la mer.</td><td>Mer Roudaire.
Mer Caspienne.</td></tr>
<tr><td>Accroissement de l'évaporation des mers et des lacs.
Prairies flottantes.
Prairies enracinées.</td><td>Extension des mers de Sargasses.
Engazonnement des littoraux par les algues géantes : macrocystis, etc.
Golfe de Gabès.
Mer Egée, Adriatique, Caspienne, Grande Syrte, etc.</td></tr>
</table>

Mer Roudaire

Nous ne saurions trop rendre hommage, à la persévérante et inlassable énergie, que le commandant Roudaire a déployée pour concevoir, étudier, propager et défendre son projet de mer intérieure.

Il est profondément regrettable qu'une mort prématurée (1885) l'ait empêché d'en poursuivre la réalisation. Nous ne doutons point quant à nous après lecture très attentive du Rapport de la Commission supérieure du Ministère des Affaires Etrangères sur ce projet, qu'il ne soit finalement réalisé après une période plus ou moins longue d'attente.

La surface à immerger est de 800,000 hectares, soit dix fois l'étendue du lac de Genève. Grâce à la minime profondeur de cette petite mer, 23 à 24 mètres, à la très faible inclinaison des rives, l'évaporation y sera considérable et ainsi que nous le verrons, le contingent de vapeurs fourni à l'atmosphère à peu près équivalent à celui de l'ensemble des forêts algériennes, ce projet mérite donc d'être examiné ici.

La Commission chargée de cet examen comprenait, certes, d'illustres savants, J.-B. Dumas entre autre, et des ingénieurs du plus grand mérite, mais elle crut devoir exiger que le remplissage des chotts s'effectuât en un délai de dix ans et, cette exigence entraîna l'échec du projet.

Le débit nécessaire prévu pour compenser l'évaporation était de 187 mètres cubes à la seconde, il fut porté à 704 mètres cubes de façon à pourvoir à la fois au remplissage du vide des chotts, soit 177 milliards de mètres cubes et aux reprises par l'atmosphère pendant le délai de dix ans, pluies et ruissellements déduits, ci 43 milliards de mètres cubes, soit au total 220 milliards.

Notons ici que la Seine à l'étiage ne débite que trente-cinq mètres cubes. Le canal de la mer Roudaire avait à fournir vingt fois ce même volume, c'était par suite un grand fleuve.

Pour satisfaire à ce débit de 704 mètres cubes, la section dut être triplée en même temps que la pente était accrue ; de là résulta un accroissement de déblais énorme.

La Commission ne voulut point, d'autre part, faire état du mode économique d'entraînement des déblais par l'eau, prévu par le commandant Roudaire, amplement justifié cependant par l'importance du débit de ce fleuve artificiel à tracé quasi rectiligne.

Finalement des travaux que cet officier évaluait après rectifications diverses à 160 millions furent estimés à 1,300 millions.

Cette somme comprenait entre autres articles : 414 millions d'intérêts, 37 millions de frais généraux, 68 millions de sommes à valoir, plus de 30 millions de travaux prévus ou à prévoir ; alors cependant que le devis initial de l'auteur du projet n'atteignait que 75 millions.

Nous sommes entré dans ces détails pour marquer fortement quelles redoutables conséquences entraîna le triplement de la section et le non emploi des eaux comme agents d'érosion pour approfondir et élargir le canal.

En réalité, il importait fort peu que les eaux de la Méditerranée missent 50 ans ou 100 ans, ou même plus encore, avant d'atteindre leur niveau maximum dans les chotts ; cela ne présentait aucun inconvénient sérieux. Pour se garantir contre tout accroissement d'insalubrité de la région, d'ailleurs à peu près inhabitée encore à cette heure, il suffisait que le débit du canal fût quelque peu supérieur à l'évaporation ; grâce à quoi le niveau se fut élevé sans discontinuité ; les terrains n'auraient jamais été alternativement immergés et émergés, les conditions hygiéniques se fussent constamment améliorées, elles auraient été bien meilleures qu'elles ne le sont en leur état actuel, à chaque printemps, lorsque les chotts s'assèchent.

Les causes de l'échec de ce projet sont donc purement subjectives, sans fondement réel ; par suite, il pourra être repris pour le plus grand profit de l'Algérie, de la Tunisie et du Sahara, ainsi que nous l'établirons.

La transformation en lacs des vastes dépressions qui longent l'Atlas, du golfe de Gabès au Maroc, est en effet, l'un des objectifs à poursuivre pour améliorer la pluviosité de notre littoral Nord-Africain, et la mer Roudaire est bien la première étape à franchir dans cet ordre d'idée.

Nous venons de voir qu'en apparence ce fut l'énormité des dépenses calculées qui motiva le rejet de ce projet ; nous ne serions point éloigné de croire, qu'en fait l'échec fut dû à ce que la majorité de la Commission était convaincue de l'inefficacité absolue de vastes étendues d'eau sur les pluies régionales et, à plus forte raison, de l'inefficacité de la très petite mer Roudaire.

Inefficacité, en leur état actuel, des vastes étendues d'eau sur les pluies locales ; ses causes.

Les steppes et déserts qui entourent le golfe Persique, la mer d'Aral, la mer Rouge, la mer Caspienne, etc., dans le Vieux Monde, le Grand-Lac salé, aux Etats-Unis, etc., ont dû, très vraisemblablement, être les motifs déterminants mais non avoués au public de ce rejet.

Il y a en effet dans ces constatations multiples un argument d'une telle force, qu'il paraît devoir faire obstacle, à jamais, à toute entreprise d'accroissement des surfaces d'évaporation en vue de l'amélioration de la pluviosité des régions arides.

Nous eussions préféré examiner dans un chapitre spécial les critiques que soulèveront les opinions émises dans cette étude ; mais il nous faut, pour que le lecteur puisse continuer à nous accorder son attention, examiner celle-ci dès maintenant, en raison de son extrême gravité.

Tous les lacs, toutes les mers sont beaucoup plus profonds au centre que sur leur bord, par suite ce sont les eaux de leurs littoraux qui s'échauffent le plus et celles du centre le moins.

Les vapeurs formées ne vont point, par suite, s'élever dans l'atmosphère en une colonne homogène et compacte au-dessus des eaux, il y aura appel du centre vers les bords, cheminement centrifuge, les vapeurs vont tendre à s'élever sur toute la périphérie en un mince cordon ; il y a là une première cause de dispersion on ne peut plus défavorable. Ces vapeurs, diluées dans une grande masse atmosphérique, ne pourront se condenser que sous des climats plus froids ; elles ne retomberont point sur les régions avoisinantes.

Par cela même que les vapeurs émises ne contribueront en rien à l'arrosage des zones en bordure, celles-ci pourront devenir d'une aridité considérable si de très vastes surfaces continentales bordent ces mers ou si de hautes chaînes de montagnes les entourent.

Telle est précisément la situation de presque toutes ces mers intérieures.

Grâce au Caucase, à l'Elbourz, aux monts Gulistan, aux monts Paghman, la mer Caspienne ne bénéficie en rien des vapeurs de la Méditerranée, de la mer Rouge et de la mer d'Oman.

Le grand lac salé de la Névada entouré de toute part de hauts massifs : Sierra Névada, Montagnes Rocheuses, etc., ne reçoit les courants atmosphériques du Pacifique et de l'Atlantique qu'après qu'ils se sont asséchés sur les versants opposés des lignes de relief ; dès lors, les régions voisines de ces lacs, de ces mers, ne recevant ni pluies d'orage locaux, ni pluies de convection, ni pluies de relief s'assèchent profondément et sous l'action des radiations solaires leurs surfaces dénudées de toute végétation se surchauffent ; il y a appel de vapeurs émises par les littoraux vers les masses continentales, la dilution s'accroît, la possibilité des pluies diminue et finalement le désert règne en maître, même sur les rives de très vastes étendues d'eau.

Telle est, en effet, leur situation générale ; la citation suivante empruntée à la *Géologie* de de Lapparent le démontre très clairement :

« On évalue actuellement à 122.500 kilomètres cubes d'eau, la quantité de précipitations atmosphériques que reçoivent chaque année les 145 millions de kilomètres carrés qui expriment la superficie des continents. Si cette quantité se trouvait également répartie, elle formerait sur la terre ferme une couche d'eau de 844 millimètres, mais la distribution en est très inégale...

« Sur les 122.500 kilomètres cubes, il y en a 9.300 (c'est-à-dire 7,5 pour 100) qui tombent sur des surfaces tributaires de mers intérieures et de grands lacs. Ces surfaces dont l'étendue est de 29.008.000 kilomètres carrés (environ 1/5 des continents) *coïncident presque exactement avec les régions où il tombe moins de* $0^{m}254$ *par an*, et qui forment les grandes aires désertique du globe. »[1]

1. De Lapparent. *Traité de Géologie*, p. 156.

Ainsi donc, alors que la quantité moyenne de pluie est de 844 millimètres pour le globe entier, les bassins hydrographiques des grands lacs et des mers intérieures ne reçoivent en moyenne que 254 millimètres. Il y a là une situation lamentable à laquelle il ne paraît possible de remédier, dans une certaine mesure, qu'en substituant à la circulation centrifuge des vapeurs du centre des lacs et des mers vers leur périphérie : une circulation centripète. C'est précisément à quoi doivent pourvoir les zones centrales de surchauffe que nous créerons, soit à l'aide de prairies aquatiques là, où grâce à la faible profondeur, cette solution est possible, soit même à l'aide de tout autre revêtement composé de matériaux légers : scories, escarbilles, ou encore nappes d'étoffe, de roseaux ou de lattes flottant au centre des surfaces d'eau ou tout au moins à quelque distance des rives.

Grâce à la surchauffe de la zone centrale, il y aura appel vers le centre, sinon de toutes les vapeurs émises, tout au moins d'une grande partie : transport vertical à grande hauteur ; la saturation se produira à faible distance, et la région bénéficiera de la condensation des vapeurs émises par ses lacs et ses mers.

Évaporation comparée de la mer Roudaire et des forêts algériennes.

Cette objection écartée, nous pouvons maintenant reprendre l'étude de la mer Roudaire et estimer son influence sur la pluviosité du sud de la Tunisie et de la province de Constantine.

Du 15 juin au 15 août l'évaporation en Camargue atteint 10 millimètres par jour. Par mistral très fort, elle dépasse 15 millimètres ; il s'agit là d'eau presque saturée de sels et par suite moins facilement évaporable, mais, ajoutons-le, d'eau emmagasinée dans des bassins peu profonds.

Aux Sables-d'Olonne, dans les bassins de concentration du sel, avec une épaisseur de liquide de 3 centimètres, la lame d'eau évaporée atteint 15 millimètres par jour, tandis que dans les marais à poissons de 25 centimètres de profondeur la perte quotidienne n'est que de 5 millimètres[1].

Admettons pour la période d'été 6 millimètres d'évaporation quotidienne pour la mer Roudaire ce qui, vu sa situation géographique, sa minime profondeur, ne paraît point exagéré, cela donne pour 800,000 hectares 48 millions de mètres cubes exhalés chaque jour dans l'atmosphère, soit de quoi remplir trois grands barrages-réservoirs.

Voyons maintenant quelle est l'évaporation produite par l'ensemble des forêts algériennes. Leur superficie totale, broussailles y compris, est tout au plus de 2,800,000 hectares.

Supposons que les pluies aient atteint dans l'année 0m60, chiffre exagéré si l'on envisage l'ensemble de nos forêts.

Les bois de pins dominant de beaucoup, la perte par le feuillage aura été d'au moins 40 pour cent, il ne sera arrivé au sol forestier que 0m36 et ces 36 centimètres auront à pourvoir aux besoins de toute l'année ; évaporation du sol d'une part, transpiration de l'arbre d'autre part, cela fait un peu moins de 1 millimètre par jour.

1. Commission supérieure pour l'examen du projet de mer Intérieure, p. 244.

Calculons les choses largement et admettons que la forêt évapore 1 m/m 5 par jou pendant la période d'été, ci 12 millions de mètres cubes, chiffre inférieur à celui donné par la mer Roudaire.

Tout au plus, peut-on dire que l'ensemble des forêts algériennes dissémine dans l'atmosphère une quantité de vapeur à peu près équivalente à celle que donnerait la submersion des deux chotts, Melrir et Rharsa. La comparaison ne porte jusqu'à présent que sur les quantités d'eau évaporées chaque jour ; ce n'est là que l'une des faces de la question, et il convient d'examiner de plus près les phénomènes en jeu de part et d'autre.

En premier lieu, il n'est point sans intérêt de remarquer que l'émission due aux forêts s'opère au détriment de l'alimentation des sources et cours d'eau algériens, tandis que celle de la mer intérieure constitue un prélèvement sur la Méditerranée et par suite sur les Océans, ce qui ne préjudicie à rien.

La forêt dilue les vapeurs dans une trop grande masse atmosphérique.

D'autre part, la forêt, sauf cas exceptionnels, dissémine ses vapeurs dans une très grande masse atmosphérique ; elle ne donne point naissance à de puissantes colonnes d'air chaud humide ascendant ; les vapeurs émises ne pourront par suite se condenser que dans des régions plus froides à moins qu'elles ne soient contraintes mécaniquement à s'élever vers le zénith.

S'il suffisait qu'une certaine quantité de vapeurs soit disséminée dans une grande masse atmosphérique, il pleuvrait constamment aux Açores, et mieux encore au large de la côte occidentale du Sahara, en plein Océan ; or, il n'en est rien, les pluies sont fort rares du 20e au 30e degré de latitude Nord de l'Atlantique. Les vapeurs émises dans ces régions vont se condenser dans la zone équatoriale. Ce qu'il faut pour accroître les pluies qui tombent en Algérie et en Tunisie, c'est de produire des masses atmosphériques chaudes et humides et douées d'un grand pouvoir ascensionnel.

L'air humide provenant de la Méditerranée, en marchant vers l'Afrique, déjà réchauffée au printemps par le soleil, s'éloigne du point de saturation, sauf s'il est contraint par les vents de remonter sur les hautes cimes, et est par suite inefficace le plus souvent.

Les vapeurs émises par les forêts algériennes sont dans une situation plus défavorable encore, en raison de leur état de dilution extrême et de la température relativement basse à laquelle elles sont exhalées par les feuillages, et ceci surtout si elles s'acheminent vers le Sud. D'autre part il leur faudra faire un assez grand trajet vers le Nord avant qu'elles puissent se condenser.

L'abaissement de température, en marchant de l'équateur vers le pôle, n'est en effet en moyenne que de 1 degré centigrade, pour une différence de latitude de 2 degrés, soit 222 kilomètres, de telle sorte qu'en fait c'est presque exclusivement au profit de la Sardaigne, des Iles Baléares, de l'Espagne, de l'Italie que nos forêts assèchent nos terres. Seules nos hautes cimes montagneuses peuvent en bénéficier quelque peu.

Tout autre est le cas des vapeurs émises par des surfaces d'eau peu profondes, ces vapeurs vont réchauffer l'air, l'alléger, l'entraîner dans un mouvement ascensionnel, si on provoque leur convergence, or à une ascension verticale de 180 à 200 mètres correspond cet abaissement de température de 1 degré qui nécessiterait un déplacement de 222 kilomètres vers le Nord, le point de saturation sera promptement atteint puis dépassé, les vapeurs émises retomberont en pluie dans la région même.

Efficacité réelle de la mer Roudaire.

De tout ceci résulte que très vraisemblablement, malgré sa modeste étendue, la mer Roudaire modifiera très sensiblement la pluviosité des régions voisines, grâce à la création en son centre d'une aire de surchauffe d'étendue suffisante ; ce sera un premier pas en avant dans l'œuvre de restauration climatique du Sud Tunisien et Algérien.

Ce ne sont point seulement les chotts Melrir, Rharsa et Fredjedj qui sont inondables sur le littoral du golfe de Gabès, le Dr Rouire a reconnu qu'il existe autour du lac Kelbia et de la sebkha Sidi-el-Hani de vastes surfaces sises en contre-bas de la mer susceptibles, par suite, de jouer un rôle analogue à la mer Roudaire et de fournir leur contingent de vapeurs à la frontière nord-est du Sahara.

L'accroissement de pluviosité en ces régions entraînerait en outre la transformation en lacs temporaires de divers chotts ; notamment du Djerid, d'où résulterait un très important accroissement des surfaces d'émission de vapeurs aptes à la production des pluies d'avril et mai, lesquelles assurent les récoltes.

Il serait excessif de mentionner ici toutes les vastes dépressions que les mers ou les fleuves pourraient utilement couvrir de leurs eaux en vue de l'accroissement des pluies des régions arides ; notre but sera atteint si nous parvenons à attirer l'attention des populations intéressées sur la possibilité de l'utile intervention de l'homme pour améliorer leur régime météorique ; nous ne saurions cependant passer sous silence la grande influence que pourrait exercer sur la climatologie de la Russie Méridionale, de l'Asie Mineure et même, en raison des vents alizés, du bassin oriental de la Méditerranée, la submersion de la très vaste dépression Aralo-Caspienne.

Mer Caspienne

La mer Caspienne est, on le sait, à 26 mètres en contre-bas de la Méditerranée ; la surface submersible, actuellement à sec, qui l'entoure, paraît atteindre environ 190,000 kilomètres carrés, soit plus du tiers de l'étendue de la France.

Ici de même, grâce à la faible profondeur de la zone à submerger (13 mètres en moyenne), aux prairies marines de macrocystis et autres espèces géantes que l'on pourra par suite fixer sur son fond, l'évaporation par unité de surface, sera considérable quoique moindre que dans la mer Roudaire vu la plus haute latitude de cette dépression, mais l'évaporation globale sera bien plus importante, la surface d'émission étant vingt-trois fois plus grande.

Sans doute l'évaporation serait-elle assez active pour donner naissance à d'abondantes pluies qui feraient reculer les steppes et déserts qui entourent la mer Caspienne et d'autre part les vapeurs émises, contribueraient, lorsque souffle l'alizé de Nord-Est, à accroître l'humidité des vents qui abordent le littoral nord-est africain.

Accroissement de l'évaporation des mers et des lacs ; prairies aquatiquées, mers de Sargasses.

Nous avons vu précédemment combien était minime la variation de température des eaux, en plein Océan du jour à la nuit, autrement dit l'échauffement diurne, même dans la zone équatoriale cet échauffement n'atteint pas 1 degré, ce qui démontre quels très notables accroissements d'évaporation l'on obtiendrait en augmentant l'étendue et la densité de peuplement des mers de Sargasses.

Grâce aux frondes flottantes, émergées des *Sargassum bacciferum*, les rayons solaires ne peuvent se réfléchir à la surface des eaux, une plus faible partie des rayons réfractés peut pénétrer à grande profondeur, la perte de calorique par rayonnement des nuits est moindre ; tout concourt à accroître la température de la surface et par suite son évaporation.

Nous ne voyons point qu'il soit possible à l'homme de trouver un moyen plus efficace pour accroître la pluviosité générale du globe terrestre, pour augmenter l'utilisation du calorique solaire, pour amoindrir le refroidissement de la Terre. Le champ d'application est immense ; il embrasse les aires comprises dans les circuits des courants océanique de l'Atlantique Nord et Sud, du Pacifique, de l'Océan Indien...

Cette œuvre ne comporte ni expropriations, ni perte aucune de valeurs déjà créées, tout au contraire elle sera, ainsi que nous le verrons, une source considérable de richesses nouvelles. Toute la question est de savoir s'il est possible à l'homme, sans de trop grands efforts, de contribuer dans une large mesure au développement de ces prairies flottantes.

Mers de Sargasses.

A bien des reprises déjà les navigateurs et les savants ont porté leurs investigations sur la mer de Sargasses de l'Atlantique Nord.

D'après de Lapparent, elle s'étale du 16ᵉ au 38ᵉ degré de latitude, et est comprise entre 50 et 80 degrés de longitude Ouest. L'aire de dissémination des fucus est de 4,000,000 kilomètres carrés, soit près de 8 fois l'étendue de la France. Les sargasses ne sont point réparties uniformément sur toute cette aire, elles n'en occupent qu'une faible partie. On les rencontre le plus souvent sous forme de paquets distincts ayant rarement plus de 4 à 5 mètres de superficie, les frondes ne sont point accumulées en tas pressés, elles s'étalent généralement en traînées distinctes, plus ou moins espacées les unes des autres, en alignements illimités, que les vents orientent incessamment.

La première pensée fut que ces débris de végétaux flottants provenaient des fonds marins sous-jacents, mais après qu'il eût été constaté que la sonde descendait à 2,000, 3,000 et même 6,000 mètres de profondeur avant d'atteindre le fond, il fallut écarter cette hypothèse ; les plantes à chlorophylle ne peuvent se développer que là où peuvent pénétrer les radiations solaires, soit à 400 mètres de profondeur au plus ; il fallut donc rechercher une autre origine.

L'opinion actuelle est que ces accumulations résultent de l'entraînement par les courants marins des algues que les flots arrachent aux côtes du Vénézuela, de l'Honduras, du golfe du Mexique, aux Grandes et aux Petites Antilles, à l'archipel du Bahama, enfin à la Floride. Enorme est le développement de ces côtes et très verdoyante est la végétation marine des littoraux de ces régions, ce qui valut le nom de Floride au pointement de la Géorgie.

Le *Sargassum baciferum* ou *Fucus natans* est l'espèce qui domine de beaucoup dans l'Atlantique Nord, et, grâce aux globules pleins d'air dont chaque brin est muni, la durée de la période de flottaison est fort longue.

En certaines régions de l'Océan, l'on ne rencontre plus à la surface des eaux que les vésicules flottantes dénommées *raisins des tropiques*. Ce fait s'observe fréquemment en s'éloignant des Bermudes et se dirigeant vers le Cap Vert. A mesure que l'on s'écarte des centres de dissémination les traînées d'algues sont de plus en plus rares, les vésicules natatoires persistent encore sur un certain parcours, puis finissent par disparaître.

Il se trouve néanmoins acquis irrévocablement que les sargasses continuent à vivre, à se développer en plein Océan[1], la fraîcheur, l'aspect vigoureux des thalles terminales alors que le bas des tiges est parfois dans un état qui indique presque une décomposition en témoignent suffisamment ; il n'existe sur ce point aucune incertitude, tous les observateurs ont confirmé le fait. Il s'agit donc là d'un état de vie prolongée, complètement en dehors des conditions natives d'existence de ces algues, qui pour prendre naissance ont eu besoin de se fixer sur un point d'attache, sur une roche, une pierre.

La longueur des brins est presque constante elle oscille entre 0 m. 25 et 0 m. 30 d'après le capitaine Leps, et l'on peut en conclure non sans raison que ces rameaux détachés continuent à se développer par leur sommet en même temps que se décomposent les tissus trop âgés de la base. Sans doute, ce fait accroît-il considérablement la durée de leur cheminement à la surface des eaux : S. A. S. le prince Albert de Monaco a en effet constaté que tout corps flottant sur les mers se recouvre d'incrustations calcaires d'où alourdissement progressif, puis finalement submersion au fond des océans.

Les études des naturalistes ont tout particulièrement porté sur la recherche des organes de reproduction, elles ont été vaines ; il se trouve acquis d'une façon certaine, notamment par les observations de M. Poirault, naturaliste attaché à l'expédition du *Talisman*, que les *Fucus natans* rencontrés pendant la campagne d'exploration vers les îles Açores ne présentaient aucune trace d'organes de fécondation[2]. C'est là un point de la plus haute importance ; il en résulte que si à ces

1. *Annales hydrographiques*, 2e semestre 1857 : *La mer de varechs*, par M. Leps, capitaine de frégate, p. 370.

2. Le Marquis De Folin, *Sous les mers*, p. 318.

prairies de végétaux flottants stériles ne se reproduisant point, venaient s'ajouter, grâce à l'intervention de l'homme, des jeunes plants de sargasses munis de leurs crampons d'attache, fixés sur des corps légers tels que pierres ponces, scories, ou en d'autres termes des plantes complètes pourvues de tous leurs organes et susceptibles de reproduire incessamment de nouvelles générations, la densité et l'étendue des peuplements pourraient être énormément accrues.

Cette absence de tout organe de reproduction démontre semble-t-il que ces débris végétaux flottent depuis de longues périodes de temps, et c'est là une constatation des plus heureuses ; elle implique la possibilité d'une très grande extension. Puisque cette condition de vie prolongée suffit à elle seule pour maintenir à la surface des eaux de très vastes prairies.

La dissémination en petits paquets clairsemés est le cas le plus fréquent, mais les navigateurs traversent parfois de très importants massifs continus.

Voici comment s'exprime sur ce point le capitaine Leps :

« Ces fucus présentent quelquefois d'immenses bancs ou réunions, et je comprends sans peine que lorsque Christophe Colomb, Pierre Aria et autres virent cette mer couverte d'herbes, ils durent éprouver quelque sentiment de crainte ; car, maintenant même, en traversant ces parages sillonnés par tant de navires, et dans lesquels aucun bas-fond, aucune vigie, aucun danger n'ont jamais été signalés, on éprouve une certaine sensation en voyant un bâtiment lancé avec une grande vitesse dans ces parties de mer, dont la surface est couverte *d'immenses agglomérations de ces herbes*, représentant absolument de temps à autre la surface de lacs ou de cours d'eau peu rapides sur lesquels s'étend un vaste tapis de verdure qui, au premier abord, ferait plutôt croire à la vue d'une prairie qu'à celle de la surface des mers[1]. »

Ensemencement des mers

Nous ne saurions avoir la prétention de résoudre les multiples problèmes que comporte l'ensemencement des mers ; ce sont là des questions que les savants naturalistes du Musée Océanographique, créé par S. A. S. le Prince Albert de Monaco, peuvent, bien plus aisément que nous élucider ; nous n'en dirons que quelques mots. Diverses méthodes paraissent devoir être mises à l'essai ; des parcs d'ensemencement seraient établis sur les rivages, en des points convenablement choisis, notamment aux Açores, aux Bermudes, aux Canaries, aux îles du Cap Vert, pour l'Atlantique Nord ; à l'Ascension, Sainte-Hélène, Annobon, Trinidad, etc., pour l'Atlantique Sud ; puis, mettant à profit la marée, l'on procéderait par lâchures faites en temps opportun. L'on peut aussi sans doute utiliser les fleuves et rivières pour disséminer dans les océans les jeunes plantules d'algues.

« Les *Fucus*, les *Ascophyllum* peuvent supporter des variations de salure telles, qu'on les voit remonter le courant de l'eau et qu'on voit ensemble des plantes d'eau douce et des plantes d'eau salée[2].

1. *Annales Hydrographiques, loc. c.*, p. 571.
2. L. Mangin, *Bulletin du Musée Océanographique de Monaco*, n° 82, p. 15.

Rien de plus logique dès lors, sachant que l'on trouve jusque sur les côtes des Iles Féroë et de l'Islande, des bois que le Mississipi et autres fleuves américains ont portés dans le Gulf-Stream, d'utiliser le Niger, le Sénégal, les fleuves du Maroc, de l'Espagne, du Portugal pour ensemencer les côtes occidentales d'Afrique et d'Europe et rechauffer par suite la branche du Gulf-Stream, dénommée courant de Rennel. Grâce à un long parcours, à son épanouissement aux latitudes moyennes de l'Atlantique Nord, il longe la Péninsule Ibérique et le littoral africain sous forme de courant froid peu fertile en vapeur. Accroissons sa puissance productrice en le revêtant d'une pellicule de végétaux aptes à capter le calorique solaire, nos pluies seront accrues.

La puissance de prolifération des algues est énorme ; il n'y a point ici de question d'alimentation à résoudre, c'est à l'atmosphère et aux eaux de mer que ces cryptogames empruntent l'azote, l'acide carbonique ; la seule condition paraissant essentielle est de fournir un point d'attache aux oosphères après qu'ils ont été fécondés par les anthérozoïdes ou plus exactement lorsqu'ils ont terminé leur période de vie mobile. Ces oosphères sont en effet munis de cils vibratiles, se meuvent dans l'eau pendant une durée plus ou moins longue, puis se fixent sur un corps solide et dès lors commence leur période de vie végétative.

Ainsi d'une part, très grande puissance de prolifération ; d'autre part, inutilité de pourvoir à d'autre besoin qu'à une aération suffisante ; la grande difficulté paraît consister à préserver les jeunes cellules encore mobiles et les jeunes plantules contre les agents de destruction.

Au cours de l'été 1906, nous avons jeté à la mer quelques brouettes de gravier provenant de la plage voisine, ces pierres se sont promptement couvertes de plusieurs sortes d'algues notamment de *Nitophyllum dentatum* ; c'est dans le voisinage de touffes de cette algue que nous avions immergé le gravier. Après deux mois, ees jeunes plantules avaient atteint près de deux centimètres de haut, mais déjà prédominaient des colonies de bryozoaires *Flustra foliacea* qui enrobèrent les fucus et les anéantirent.

Très nombreuses sont les algues munies de flotteurs : *Ascophyllum nodosum*, *Fucus vesicolosus*, *Fucus serratus*, *Halidrys seliquosa*, *Macrocystis*, etc., etc... C'est aux naturalistes qu'il appartiendra de déterminer les espèces les plus aptes à vivre au large, à s'y multiplier. Nous n'avons d'autre prétention que d'émettre ici l'idée première ; ensemencement des océans, de prairies flottantes, en vue de l'accroissement de l'évaporation et par suite des pluies ; enfin, adoucissement des climats.

Gulf-Stream. — Ses facteurs

Nul n'ignore que c'est grâce au Gulf-Stream que le nord de la France, les îles Britanniques et tout particulièrement la Norvège, l'Islande, jouissent d'un climat beaucoup plus tempéré que ne le comporte leur latitude.

La Bretagne est sur le même parallèle que Terre-Neuve, son climat est cependant beaucoup plus doux ; la côte américaine est refroidie par le courant polaire du

Labrador et la côte française est quelque peu réchauffée par le voisinage au large des branches du Gulf-Stream.

Il est un fait qu'il convient de mentionner ici ; ce n'est point sous l'équateur même que le Gulf-Stream prend naissance mais bien dans la mer des Antilles, et c'est à la sortie du détroit de la Floride qu'il atteint sa température maximum soit 28 degrés.

Ceci n'est point pour nous surprendre. Malgré que le parallèle moyen de la mer des Antilles soit à 20 degrés au nord de l'équateur, c'est-à-dire à plus de 2,000 kilomètres du grand cercle qui reçoit du soleil la quantité maximum de calorique dans l'année, l'échauffement des eaux est plus grand dans les Antilles, parce que le calorique solaire s'y distribue sur de moindres profondeurs d'eau.

L'échauffement paraît surtout dû au cheminement des eaux tout autour des nombreuses îles du Vent, des Petites et Grandes Antilles, au long séjour des eaux dans le golfe du Mexique, sur *les hauts fonds du détroit de la Floride et sur les bancs du Bahama*. C'est en effet dans le triangle compris entre Cuba, la Floride et les îles Lucayes que la température des eaux atteint son degré le plus élevé et c'est aussi là que l'on trouve les premières accumulations de fucus flottants.

Nous ne sachions pas qu'il ait jamais été signalé une coïncidence quelconque entre leur présence et le degré d'échauffement des eaux, mais nous ne saurions douter un instant qu'ils n'y contribuent dans une large mesure.

Si, ainsi que nous le croyons, il se trouve démontré, après observations portant sur ce point, que les thalles des sargasses accroissent considérablement la température des eaux superficielles, un fait de la plus haute importance sera acquis ; il est peu de régions au monde qui ne seraient appelées à en bénéficier. Sauf dans la zone équatoriale la pénurie des pluies est le fait prédominant sur toute la surface du globe.

Algues géantes *Macrocystis pyrifera*.

Il ne sera point inutile de consigner ici la citation suivante du Dr G. Roché.

« Dans l'Océan austral, les marins rencontrent fréquemment flottant au large une algue géante pouvant atteindre deux cents mètres de longueur et qui charrie, attachées à ses pseudo-racines, des pierres si lourdes, qu'un homme les peut à peine soulever. Cette algue appelée *Macrocystis pyrifera*, porte ainsi son cachet d'origine. La spore qui lui a donné naissance s'est effectivement développée sur quelque roche d'une anse des rivages ; puis lorsque ses flotteurs ont été suffisamment puissants, elle a soulevé cette roche qui fut sa première patrie. Dès lors les courants se sont emparés d'elle, elle a été le jouet des coups de vent, et jetée d'une vague à l'autre, balancée de flot en flot elle a gagné la haute mer, continuant à vivre et à se développer au milieu de son existence errante [1]. »

Tel est, dans toute sa simplicité, le mode de culture et de dissémination que nous proposerons de mettre à profit en créant des parcs d'alguiculture et les distribuant en des points convenablement choisis des littoraux océaniques. En

1. G. Roché, *Explorations sous-marines*, p. 322.

saison opportune, autrement dit pendant la période de grand essaimage des sargasses, des *Nitophyllum*, des *Macrocystis*, etc., l'on ensemencera de cailloux, de scories ou autres matériaux convenables ces parcs pour fournir des points d'attache aux oosphères, aux spores, puis lorsque les jeunes plants auront acquis un développement suffisant, on les livrera aux flots de jusant des marées ou même aux courants des fleuves.

Une grave objection se présente ici, l'entraînement par les eaux continentales sera-t-il efficace, les algues ayant séjourné dans les eaux à salure très variable vont-elles conserver leur puissance de reproduction ? C'est évidemment à l'expérience de décider sur ce point, et ce n'est qu'en suite d'études approfondies que l'on pourra déterminer les espèces dont la puissance de prolifération ne souffrirait point du contact des eaux douces. Il est d'autre part bien certain qu'une partie considérable des fucus, des sargasses, que les cours d'eau auront portés plus ou moins loin des rivages vont être rejetés sur les côtes, il y aura donc de ce chef un déchet important. Il ne faudrait point en conclure *à priori* à l'inefficacité de ce mode d'essaimage ; l'essentiel est que toutes choses soient disposées en vue d'un très copieux ensemencement s'effectuant dans des conditions d'extrême simplicité avec le minimum de dépenses.

Des déchets de même ordre ne sont-ils points inévitables dans toutes les industries des eaux : pisciculture, ostréiculture, etc., de même que dans l'évolution normale des habitants des mers. Sur les 100,000 œufs pondus par une langouste, sur le million de larves émises par une huître, sur les 20 millions d'œufs donnés par une morue en est-il 1,000, en est-il 100 qui atteignent l'âge adulte après avoir échappé aux multiples causes de destruction qui incessamment les déciment.

Si finalement il était démontré que le déchet est par trop considérable en recourant à la dissémination par les fleuves continentaux, tout l'effort devrait être porté sur les littoraux des îles de plein Océan : Açores, Bermudes, etc., comprises dans les circuits du Gulf-Stream, du courant du Mozambique, du Kuro-Civo, mais le nombre de points de distribution serait beaucoup plus limité.

Stabilité de la mer des Sargasses

La stabilité de la mer des Sargasses de l'Atlantique Nord est indéniable ; après plus de quatre siècles écoulés nos marins rencontrent encore dans les mêmes parages la mer herbue qui avait tant effrayé les marins de Christophe Colomb en 1492.

La très grande rareté des débris de sargasses qui viennent échouer sur les côtes océaniques de France malgré que le Gulf-Stream soit dirigé vers elles[1] tend à démontrer combien difficilement les matériaux entraînés échappent aux courants or c'est là une condition favorable au maintien des mers de sargasses, en même temps qu'une cause d'appréhension pour l'ensemencement par les fleuves continentaux.

1. Dans la *Liste des Algues maritimes de Cherbourg*, par A. LE JOLYS, cet auteur signale qu'il n'a rencontré qu'une seule fois un débris de sargasse sur ce littoral.

Sera-t-il possible pour la Méditerranée d'aboutir à la création de prairies flottantes quelque peu stables, la chose est douteuse. Néanmoins la question présente un tel intérêt pour tous les peuples qui vivent sur ses bords, que des efforts sérieux d'ensemencement s'imposent. Le prompt rejet sur les côtes des bois, des laves volcaniques n'implique point que ce même fait se produira aussi aisément pour des algues qui flottent à peine, qui sont presque entièrement immergés, dont les brins pendent verticalement. Nous pouvons ajouter que si au lieu de considérer des tiges de très faible longueur, il s'agissait de thalles bien développées, les conditions de non atterrissage seraient encore meilleures.

Les vents, les volutes des lames qui déferlent proche les rivages portent bien à terre les objets flottants ; mais le courant de retour de fond les porte au large ; il peut donc ne pas y avoir jet à la côte des plants de sargasses ou autres algues lestées par une pierre ; or tel sera le cas de nos essaimages à l'aide de plantes complètes adhérant par leurs pseudo-racines à un caillou qu'elles auront fini par détacher du fond lorsque leurs flotteurs seront assez développés.

Le jet à la côte, même celui des véritables flotteurs sans profondeur, tels que les laves volcaniques, n'est d'ailleurs point aussi prompt, aussi complet que l'on pourrait être porté à le croire, la reprise par les flots est fréquente et la circulation sur les mers mène à l'extérieur des courants peut être de très grande durée.

Avant d'épuiser ce sujet, il est une dernière preuve de la persistance indéfinie des prairies océaniques qu'il nous faut signaler. Elle est donnée par la faune spéciale qui les peuple : crustacés, mollusques, actinies, anatifes, planaires et surtout enfin par le singulier poisson dénommé *Antennarius marmoratus*, qu'on dirait pourvu de bras et de mains, prenant l'apparence d'une sorte de clown, lorsque placé dans une cuvette, appuyant ses mains sur le fond, la tête en bas, la queue en haut, il se maintient dans cette position.

L'*Antennarius* s'est si bien adapté aux prairies flottantes d'algues, par ses marbrures, ses panaches, ses membranes natatoires, qu'on le distingue très difficilement des sargasses. Son nid est formé de leurs thalles solidement réunies par des fils que la femelle sécrète[1].

Ainsi qu'on le voit, l'adaptation est complète. Dans la suite des siècles ce poisson a acquis l'ensemble des caractères les plus propres à le dissimuler à la vue des oiseaux de proie de mer, il démontre que les mers de sargasses flottent depuis les époques géologiques lointaines et, ainsi que nous l'avons déjà dit, sans doute les variations de leur extension et de leur décroissance ont-elles exercé une influence sensible sur les variations de température et de pluviosité du globe terrestre.

Le *Sargassum vulgare* abonde sur la côte nord-africaine, sans doute se développe-t-il aussi sur les littoraux de la Corse, de la Sardaigne, de la Sicile et autres îles méditerranéennes ; nous avons donc là un point de départ favorable et

1. De Folin, *Sous les Mers*, p. 320.

il serait d'un tel intérêt pour tous les peuples qui vivent sur les bords la Méditerranée, de l'Adriatique, de la mer Noire, de la mer Caspienne, d'accroître la puissance d'évaporation des mers qui les baignent que nous ne saurions trop insister sur la très grande utilité de la production des prairies flottantes marines ; nulle région civilisée au monde ne souffre autant de la pénurie des pluies que le bassin oriental de la grande mer intérieure.

Admettons qu'après essais persévérants le résultat obtenu ne soit point satisfaisant, voyons à quels moyens nous pouvons recourir pour accroître néanmoins le régime des pluies.

Prairies fixes des littoraux

Nous devons, en ce cas, nous efforcer d'implanter sur nos littoraux des prairies d'algues géantes fixées sur leur fond. Le *Macrocystis pyrifera* signalé par Nordenskjold dans les mers du Sud nous en donne la possibilité.

D'après Barral et Sagnier[1], les navigateurs auraient rencontré des thalles de cette algue ayant jusqu'à 500 et 600 mètres de long ; d'autres auteurs fixent à 300 mètres leur longueur maximum ; c'est déjà bien quelque chose.

Cette algue, ainsi que nous l'avons déjà dit, est fixée par un crampon sur une roche de fond ; ses thalles sont soutenues par des ampoules pleines d'air, ce qui permet à la plante de venir s'épanouir à une petite distance de la surface, en longues cordées, sur lesquelles se trouvent fixées une série de lames, munies chacune d'une ampoule ; elle a été rencontrée : à Fort-Philippe, en Nouvelle-Hollande, au cap Horn, en Patagonie, au détroit de Magellan, à Port-Saint-Nicolas, à Norfolk dans l'Amérique boréale et occidentale, sur les côtes du Chili, du Pérou, de la Californie. Son extension géographique est donc considérable, elle n'exige point des températures élevées, sans doute pourrait-elle s'adapter à beaucoup de nos côtes. La plus grande profondeur sous l'eau à laquelle on l'ait trouvée implantée jusqu'ici est de soixante dix mètres, mais l'action de la lumière se faisant sentir jusqu'à 300 et 350 mètres, il ne serait point surprenant que cette algue pût s'implanter beaucoup plus bas. L'évaporation des bordures côtières serait évidemment très sensiblement accrue si l'homme parvenait à substituer aux corallines et autres algues calcaires qui occupent les fonds et revêtent le sol d une très minime pellicule de végétaux sans valeur, de puissantes forêts sous-marines venant développer leurs thalles jusqu'à la surface de flots.

Après avoir décrit sept formes différentes de ces algues géantes, Hooker ajoute : « Les macrocystis se rencontrent dans toute l'étendue de l'Océan Pacifique, du cercle antarctique au cercle arctique, à travers 120° de latitude. Cette plante vit et prospère, fixe et flottante ; elle croit aussi bien dans les baies et les ports qu'en pleine mer, aux points les plus éloignés de la terre ; elle se plaît aussi bien dans le calme que dans les plus fortes tempêtes, elle s'accommode aussi bien des eaux de profondeur uniforme que de celles qui montent et baissent avec la

1. Barral et Sagnier, *Dictionnaire d'Agriculture*, t. 1, p. 228.

marée, des eaux sans mouvement que des courants rapides. Une seule chose lui est indispensable : une profondeur moyenne d'au moins une douzaine de mètres.[1] »

Etant donné le nombre relativement important d'espèces déjà cataloguées, les grandes variations : de température, de salinité, de profondeur, de calme ou d'agitation, etc., de leur aire d'extension, il n'est point téméraire d'espérer que quelqu'une de ces espèces pourrait s'acclimater en Méditerranée de même que dans l'Atlantique Sud et devenir par la suite un agent très efficace de l'accroissement des pluies.

Alguiculture et pisciculture

D'autres conséquences non moins intéressantes résulteraient de la création de ces prairies ; les algues ont les mêmes fonctions que les légumineuses, elles captent l'azote de l'air et des eaux, le fixent, forment des albuminoïdes, base essentielle de l'alimentation, il y aurait sans doute là un excellent moyen d'accroître dans une large mesure l'état de peuplement de nos côtes La multiplication des espèces herbivores entraîne celles des carnivores, l'homme pourrait par suite tirer des mers une contribution encore plus large pour assurer son alimentation.

Signalons enfin que la masse des débris végétaux, rejetés à la côte, serait considérablement accrue par cette meilleure utilisation des radiations solaires qui échauffent et illuminent les mers et ce pour le plus grand profit de l'agriculture et des industries chimiques : goëmon, varech, soude, iode, etc.

Sur les côtes de l'Océan et tout particulièrement dans les mers du Nord, considérable est le profit que les populations tirent des débris de la flore marine, le goëmon constitue la seule fumure des terres, et leur assure d'abondantes récoltes. Il y a mieux, certaines plantes marines peuvent servir d'aliments au bétail, à l'homme même ; tel est le cas du *Fucus saccharinus* notamment. Les Chinois mettent à contribution un grand nombre d'algues comme aliments, comme condiments, émollients, etc., mais c'est là un sujet fort vaste, un livre entier devant lui être consacré.

La mise en culture rationnelle de nos côtes constitue donc indépendamment de notre premier objectif : accroissement d'évaporation et consécutivement multiplication des pluies, une œuvre de la plus haute importance.

Ce n'est point seulement aux *Macrocystis pyrifera* que l'on pourra recourir, d'autres algues sont dignes d'êtres retenues. Les *Néréocystis* descendant également à grande profondeur et ont une très puissante végétation. Il conviendra de s'inspirer : des multiples utilisations que peut comporter chaque espèce, des facilités d'adaptation aux conditions locales pour fixer son choix.

Considérable sera l'accroissement des ressources que l'homme retirera un jour de la mise en valeur des mers.

« Le rôle des Océans, chaque jour mieux compris, apparait grandiose dans le passé, prépondérant à jamais.[2] »

1. Hooker. *Flora Antarctica*. Part. II, p. 461-466.
2. Sur le « Gulf-Stream », par S.-A.-S. le Prince Albert de Monaco.

Engazonnement des lacs et des étangs

De même, il sera fort utile pour accroître l'évaporation de nos lacs d'eau douce et en même temps les rendre plus poissonneux, de les revêtir de plantes aquatiques flottantes, de *Salvigna*, d'*Azolla*, plantes susceptibles de couvrir la surface des eaux d'une couche verte presque ininterrompue[1] de macres nageantes ou châtaignes d'eau, de jussiées de *Ludwigiap alustris*, de lentilles d'eau, etc., et d'autre part de faire croître sur leurs zones littoraliennes, suivant profondeur, les nénuphars, les morènes, les potamots, les sagittaires, les wallisnéries, dont les amours ont été chantées par les poètes. La splendide Victoria royale aux larges feuilles circulaires de près de deux mètres de diamètre à pourtour relevé de cinq à six centimètres, susceptible de supporter un enfant. Ses brillantes fleurs atteignent 30 et 35 centimètres, et, point pour nous plus intéressant, ses racines peuvent se développer à plusieurs mètres sous l'eau. Elle fut découverte par Haenke sur le Rio Manoré (Pérou), puis retrouvée par d'Orbigny en 1818 sur les bords du Parana.

Nous ne saurions évidemment entrer dans l'étude détaillée des végétaux à propager, mais il ne sera point superflu, pour montrer l'étonnante facilité de propagation de certaines espèces, de mentionner comment s'effectua l'invasion de quelques départements du Sud-Ouest par l'*Azolla macrophylla*[2]. De 1879 à 1900, cette plante, dont quelques pieds avaient été jetés dans les fossés des marais de Boutaut, près Bordeaux, s'est spontanément répandue jusqu'à Blaye, puis a atteint Mortagne-surGironde, à 90 kilomètres du point d'ensemencement ; elle occupe actuellement une aire considérable sans que l'on ait rien fait pour en faciliter la propagation. Il ne faut donc point considérer *à priori* comme forcément très dispendieux l'essaimage sur de vastes surfaces d'espèces végétales nouvelles, tant dans les cours d'eau qu'en mer. Il convient, ayant fait choix des végétaux les plus aptes au but que l'on envisage : accroissement d'évaporation, empoissonnement, production des engrais, de les expérimenter en chaque région pour voir quels sont ceux qui s'adaptent le mieux aux conditions locales.

Pour les plantes d'eau douce, il faut évidemment prendre en très sérieuse considération les perturbations ou désordres qu'elles pourraient occasionner dans les canaux d'irrigation, dans les tuyaux d'arrosage et dans les terres irriguées.

Sur les littoraux maritimes, les inconvénients qui pourraient résulter de la substitution aux très modestes algues calcaires de la zone à coralline, d'une puissante flore de *Macrocystis*, de *Néréocystis*, ou autres algues géantes, paraissent devoir être nuls et, par contre, l'on peut escompter des avantages multiples et très importants.

Bassin de la Méditerranée

Nous ne saurions non plus indiquer pour chaque contrée, quels sont les points sur lesquels devront porter les plus grands efforts. Bien des études préalables s'imposent ; disons toutefois quelques mots du bassin de la Méditerranée lequel souffre tout particulièrement de la pénurie des pluies. Toutes les parties en sont

1. *La Vie des Plantes*, CONSTANTIN et E. D'HUBERT, p. 225.
2. *Le Monde des Plantes*, P. CONSTANTIN, t. II, p. 754.

solidaires, l'Espagne, la France, l'Italie, la Grèce, la Turquie et par la mer Noire et la mer Caspienne, la Russie, ont le plus grand intérêt à accroître l'évaporation des mers qui les baignent.

La multiplicité des îles de la mer Egée, le grand développement des côtes du périmètre continental et des grandes îles : Baléares, Corse, Sardaigne, Sicile, Candie, Chypre, les minimes profondeurs de l'Adriatique nord, de la mer d'Azow, du littoral occidental de la mer Noire, des côtes d'Espagne et du Midi de la France, enfin de la grande Syrte et du golfe de Gabès, permettent d'espérer que l'engazonnement des littoraux par des algues géantes telles que les *Macrocystis* améliorerait sensiblement leur pluviosité.

Golfe de Gabès

Pour l'Algérie, la Tunisie, la Tripolitaine, l'effort parait devoir porter principalement sur le golfe de Gabès et la grande Syrte.

Dans sa très intéressante étude sur *Les Conditions de la Pêche en Algérie*, le docteur Viguier de la station zoologique d'Alger, signale les avantages particuliers qu'offre le littoral est tunisien pour la piscifacture et la pisciculture[1]. Il en est de même en ce qui concerne ce que l'on pourra appeler l'alguiculture.

De part et d'autre, pour obtenir des résultats il faut des bassins d'élevage, d'ensemencement, une côte parsemée de baies fermées, un littoral à eaux peu profondes ; or, tel est le cas du golfe de Gabès, lequel bénéficie en outre de marées de deux mètres, ce qui constitue un très précieux avantage pour tous les genres de culture des eaux.

L'engazonnement du littoral de ce golfe d'une part, la submersion par la mer des chotts tunisiens d'autre part, amélioreraient sûrement dans une large mesure le pluviosité du Sud-Est algérien. C'est par cette région en même temps que par le bassin du Niger et du Nil que pourraient être entrepris le refoulement, et la réduction des étendues sahariennes.

Production des pluies locales par les prairies aquatiques fixes.

Nous nous sommes borné jusqu'ici à demander un accroissement d'évaporation au revêtement des eaux ; si nous nous en tenions là, le résultat acquis serait peu apparent, les populations riveraines bénéficieraient rarement d'un accroissement de pluie, dès lors les efforts qui seraient consacrés à l'engazonnement seraient dérisoires ou nuls.

Sans doute les vents du large venant lécher la bande littoralienne à surévaporation auraient leur humidité accrue, mais l'accroissement serait assez faible pour que l'on pût le considérer comme inefficace. Sauf peut-être dans les très vastes aires à hauts fonds : le golfe de Gabès, dans la Méditerranée, baie de Mertvyï Koultouk dans la mer Caspienne, mieux vaudra donc tendre à la production des pluies locales. Faisons remarquer dès maintenant que l'aridité d'une région exerce une influence néfaste (sauf s'il y a séparation par une ligne de reliefs)

1. Docteur Viguier, *Sur les Conditions de la Pêche en Algérie*, p. 52.

sur la pluviosité des régions voisines. La sécheresse est elle-même une cause d'accroissement de sécheresse ; par contre une première pluie améliore les conditions favorables aux précipitations météoriques, dans les régions sises à l'aval des vents pluvieux. Par suite, tout en visant la production des pluies locales, l'on obtiendra simultanément l'amélioration de la pluviosité régionale.

Pour obtenir des pluies dans les lieux voisins de nos prairies aquatiques, il nous faut ici encore de même que dans la plupart des autres solutions précédemment étudiées, tenir compte de tous les éléments en présence, zones froides et zones chaudes, sèches et humides, à faible ou à active évaporation et implanter notre aire de surchauffe et de surévaporation, en vue de la concentration vers ce foyer d'appel, de la plus grande quantité possible de vapeurs émises, tant par nos prairies que par les surfaces d'eau qui les entourent.

Nous ne saurions étudier un à un les divers modes d'application de ce principe, ceci nous entraînerait fort loin ; nous nous bornerons aux deux situations principales.

Dans le cas d'un îlot ou d'une île de minime importance, entourée de toute part de hauts fonds, c'est le massif insulaire lui-même qui jouera le rôle de centre de surchauffe et de dépression.

Nous entourerons notre îlot d'une ceinture de prairies, aussi large que le comportent les végétaux à propager, relativement à la profondeur des eaux.

Grâce aux algues géantes telles que les *Macrocystis pyrifera*, lesquelles peuvent se développer par des profondeurs de 70 mètres et sans doute aussi de 100 et 150 mètres, la largeur de cette ceinture pourra souvent être considérable et nous aurons créé un foyer efficace de pluies locales.

Par les jours de beau soleil et de calme, des *cumulus* et *cumulo-nimbus* se formeront, tout comme au-dessus des îlots coralliens de l'Océan Pacifique, et donneront la pluie sur les côtes voisines. Après chaque pluie, l'évaporation des terres qui en auront bénéficié sera pendant quelques heures ou quelques jours considérablement accrue, de même que si l'on avait procédé à de vastes irrigations ; d'où possibilité de pluies nouvelles hors de la sphère d'influence directe de notre aire de surémission de vapeurs.

Supposons maintenant qu'au lieu d'un îlot, d'un récif situé à distance modérée des côtes et entouré d'eaux peu profondes, il s'agisse : de vastes étangs sis au milieu des terres, tels ceux de Berre, de Vaccarès, de Thau, dans le golfe du Lion, d'un lac présentant une zone de hauts fonds ; d'un golfe à côte non acore s'inclinant insensiblement vers le large, tels ceux d'Alexandrette, du Lion, de Gabès, dans la Méditerranée, de Venise dans l'Adriatique, d'Odessa dans la mer Noire, de toute la Caspienne Nord et mille autres remplissant les mêmes conditions, nous devrons bien nous garder d'engazonner les eaux jusqu'aux rivages ; tout au contraire, il conviendra de maintenir nette de toute végétation arrivant à fleur d'eau, une bande assez large. L'aire engazonnée devra donc être à une certaine distance du littoral.

Utilité d'une zone centrale de surchauffe.

Il sera en outre sûrement utile de fixer vers le centre de ces petites mers herbues ou un peu à l'aval, sous la direction des brises et des vents favorables aux évaporations intenses, un centre de surchauffe bien caractérisé ayant quelque dix mille mètres carrés de superficie, un léger rideau flottant de roseaux, de brindilles, de débris de liège à surface noircie, une nappe d'étoffe s'imbibant par capillarité, de couleur foncée, apte à capter les radiations solaires ; c'est là sur cette nappe même que naîtra la dépression. Il y aura appel, pendant les jours ensoleillés et calmes, des vapeurs émises tout autour dans l'aire engazonnée, enrichissement de la nappe d'air convergente au contact de cette prairie ; finalement, production d'une colonne ascensionnelle génératrice de nuages.

Un simple îlot suffit pour engendrer une colonne ascensionnelle stable.

Pour bien montrer l'importance de ce foyer de surchauffe nous ne saurions mieux faire que de recourir à nouveau à l'inépuisable source de renseignements qu'est le *Traité de Géologie* de de Lapparent.

L'île Jarvis (0°22′ latitude Sud, 169°58′ long. Ouest de Greenwich) est un ancien petit atoll, autrement dit un îlot émergeant de quelques mètres à peine au-dessus de l'Océan, formé de récifs coralliens dont la lagune a été comblée.

En l'état actuel, cette ancienne lagune est recouverte d'une couche de guano. Nous nous trouvons là dans d'excellentes conditions pour voir se produire pendant chaque beau jour une colonne ascensionnelle et étudier sa stabilité, sa résistance au vent. Voici comment s'explique l'auteur :

« On doit signaler l'influence assez curieuse que les îles coralliennes exercent sur le régime des courants d'air. Ces îlots disséminés au milieu de l'Océan, au-dessus duquel les conditions de la température sont si régulières et si uniformes deviennent comme autant de foyers de chaleur, dont chacun est le point de départ d'une colonne ascendante d'air chaud. Cette colonne s'élève à une hauteur considérable et *suffit, quelle que soit la petitesse de l'île, pour offrir une résistance efficace au passage des vents.* Ainsi, d'après Dana, M. J. D. Hague a souvent observé, sur l'île Jarvis et *et les deux îlots voisins*, le remarquable phénomène d'une rafale de pluie coupée en deux, dès la rencontre de l'île, par le courant d'air chaud établi au-dessus du sable corallien[1].

De cette citation résulte bien, qu'un simple îlot de surface très limitée, engendre une colonne ascensionnelle assez stable pour ne point être couchée sur l'horizon aux moindres brises ; de là, il faut conclure que la densité de ce courant d'air diffère très sensiblement de celle de l'atmosphère ambiante. Il y a donc eu appel des vapeurs émises sur la périphérie de l'îlot, puis surchauffe à son contact et par rayonnement. D'autre part, l'air étant d'autant plus adiathermane qu'il est plus humide, ainsi que l'a établi Tyndall, ce courant d'air ascendant capte plus de radiations solaires que l'atmosphère qui l'entoure, d'où nouvelle cause d'ascension. Le mouvement s'entretient de lui-même, l'air par suite est porté à très grande

1. De Lapparent, *loc. cit.*, p. 378.

altitude, pénètre dans une zone froide et se condense en nuages. Le même résultat sera obtenu à l'aide de notre mince pellicule flottante d'étoffe, de roseaux, de branchages, captatrice de radiations solaires, fixée au centre de nos prairies aquatiques.

L'île Jarvis étant sous l'équateur, le soleil y est il est vrai plus ardent qu'en tous autres lieux mais ; grâce à nos petites mers herbues l'évaporation par unité de surface pourra être plus intense même à des latitudes de 30 et 40° sur nos pellicules, malgré la plus grande obliquité des radiations solaires.

L'on peut donc fonder les plus grandes espérances sur ce mode de production des pluies de chaleur.

Les résultats seront évidemment d'autant plus marqués que l'on opérera sur de plus vastes étendues.

Disons en outre que vraisemblablement là où déjà les conditions sont favorables il suffira de recourir à ces revêtements flottants pour produire des pluies durant les belles journées ensoleillées sans qu'il soit nécessaire d'accroître l'évaporation périphérique, à l'aide de champs de *Macrocystis* ou autres végétaux. En les reportant d'un point à un autre on pourra donc faire bénéficier de vastes régions de pluies supplémentaires.

Conditions d'équilibre atmosphérique favorables à la production des pluies de chaleur.

Nous venons de voir que le système que nous préconisons consiste : grâce à une meilleure utilisation de l'énergie solaire, à une meilleure coordination des mouvements de l'air, à faciliter l'enrichissement progressif en vapeur de la nappe atmosphérique qui repose sur l'eau et à assurer son mouvement spontané de convergence vers un centre de surchauffe, assurant son ascension vers le zénith.

Il nous faut maintenant pour progresser dans notre étude, nous rendre compte du degré de probabilité des pluies, suivant état atmosphérique, prendre en considération les éléments principaux qui, interviennent savoir :

Décroissance suivant la hauteur, de la température, dans l'atmosphère ;

Décroissance de la température, dans les colonnes ascensionnelles d'air chaud et humide.

Il va de soi, l'air de nos colonnes étant plus chaud au niveau de l'eau que l'atmosphère périphérique, que cet air continuera à s'élever jusqu'à saturation et production de pluie si la décroissance de température qu'il subit en s'élevant est moins rapide que celle de l'atmosphère.

Décroissance suivant hauteur de la température de l'atmosphère.

Les récentes observations faites à l'aide de ballons sonde, on donné des températures de — 60 à — 70 degrés à des hauteurs de 14,000 à 15,000 mètres, ce qui, en admettant au niveau du sol 10 et 20 degrés, donne un abaissement de un degré par 166 et 200 mètres.

De Humbolt avait trouvé les chiffres suivants :

Amérique du Nord sur les montages.....	H = 191 mètres
— sur les plateaux	H = 248 —
Hindoustan..........................	H = 226 —
Indes Orientales..........................	H = 177 —

De Saussure, dans son séjour de plus de deux semaines au Col-du-Géant à 3,428 mètres au-dessus de la mer, tandis que l'on observait simultanément le thermomètre à Chamounix altitude 1,044 mètres, et Genève, 407 mètres, trouva comme hauteur moyenne correspondant à une différence de 1 degré pendant cette période : 142 mètres à cinq heures du soir et 210 mètres à quatre heures du matin.

La décroissance de température avec l'altitude est donc le fait dominant, mais il n'est point sans souffrir de fréquentes exceptions.

Les aéronautes ont trouvé à bien des reprises déjà des couches d'air chaud à grande hauteur, ce qui indique un état d'équilibre instable, source fréquente de perturbations météorologiques.

De l'ensemble des observations résulte que l'abaissement de température est en moyenne de un degré par 180 mètres ; c'est sur ce chiffre que sont calculées les tables météorologiques relatives à l'équilibre atmosphérique, notamment celles établies pour réduire au niveau de la mer les pressions barométiques observées en montagne.

Deux auteurs ont à notre connaissance essayé d'établir une formule permettant de calculer l'abaissement de température que subit une masse d'air s'élevant dans le ciel, ce sont MM. Peslin, ingénieur des mines[1] et Duponchel, ingénieur des Pont-et-Chaussées[2].

Nous ignorons quelles sont les bases sur lesquelles M. Peslin à établi ses calculs, ce qui ne nous a point permis de voir, d'où provient l'écart, que donnent ses formules par rapport à celles de M. Duponchel.

Pour l'air non saturé M. Peslin donne : [1] $h = 101\ (1 + 1.023\ q)$

Pour l'air saturé : [2] $h = 101 \dfrac{1 + 192 \dfrac{q}{(1 + b\ t)^2}}{1 + 32 \dfrac{q}{1 + b\ t}}$

h Hauteur dont l'air doit s'élever pour que sa température baisse de un degré ;

q Proportion en poids de la vapeur que l'air renferme ;

t Température ;

b Coefficient $= 0{,}0046$;

de [1] résulte que l'air complètement sec se refroidirait de un degré par 101 mètres d'élévation, et l'air humide de un degré par 101 à 104 mètres tant qu'il n'est point saturé.

Dans le cas de l'air arrivé à saturation et pour une température de 20° au niveau du sol M. Marié-Davy par application de ces formules trouve les chiffres suivants :

1. Marié-Davy, *Météorologie générale*, p. 510.
2. A. Duponchel. *La Circulation des Vents et de la Pluie dans l'atmosphère.*

	AIR SEC	Différence d'altitude pour le refroidissement de un degré ou gradient thermométrique	AIR SATURÉ	Différence d'altitude pour un refroidissement de un degré ou gradient thermométrique
Niveau du sol...	20°0	101 mètres	20°0	218 mètres
3.500 m. altitude..	— 14°7	101 mètres	4°0	156 mètres
8.500 m. altitude..	— 64°2		— 28°0	

L'on voit par ces chiffres dans quelle large mesure la restitution de calorique latent due à la condensation de la vapeur ralentit le refroidissement. Ils démontrent en outre que dans le cas d'une situation atmosphérique normale (1 degré par 180 m.), l'air à 20° saturé au niveau du sol va s'élever dans l'atmosphère jusqu'à tant qu'il ait condensé en pluie la presque totalité de sa vapeur d'eau dans les hautes régions.

M. Duponchel, de son côté, donne les relations suivantes :

$\gamma = 101\ (\alpha - \theta)$ pour l'air sec ;
$\gamma = 101\ (\alpha - \theta) + 194\ (Q - q)$ pour l'air saturé ;
γ, hauteur d'élévation ;
α et θ, températures ;
Q-q, poids de vapeur par mètre cube d'air saturé aux températures α θ.

Ces formules sont basées sur cette hypothèse rationnelle que le travail dépensé par l'air en s'élevant est rigoureusement égal à l'énergie mécanique résultant de la restitution des calories dues : au refroidissement de l'air et à la condensation de la vapeur d'eau sous forme liquide.

Le travail dépensé est supposé être égal au produit du poids de l'air par la hauteur dont il s'élève.

Appliquons cette deuxième formule au cas précédemment envisagé $\alpha = 20°$, $\theta = 4°$ ce qui, d'après la formule Peslin, correspond à une élévation de 3,500 mètres.

La formule Duponchel donne 3,690 mètres soit un écart de 190 mètres et un gradient thermométrique 230m6 au lieu de 218. Entre ces limites la divergence des formules est donc peu notable, mais elle s'accroît sensiblement de 3,500 à 8,000 mètres.

La première donne 156 mètres et la seconde 136 mètres, soit un écart de 20 mètres dans les valeurs du gradient, autrement dit de la différence d'altitude correspondant à un refroidissement de un degré.

L'accord n'est donc point rigoureux ; il est cependant suffisant pour que l'on puisse adopter ces formules comme point de départ dans une première étude de ces questions. Nul doute que l'attention des météorologistes étant appelée sur l'intérêt que présenterait l'établissement d'une formule tenant compte de tous les éléments qui entrent en jeu, la question ne soit bientôt serrée de plus près.

A vrai dire, même alors quelle comprendraït tous les termes que suggérera la réflexion, tels que : restitution du calorique latent dû à la congélation des particules liquides, allègements dus à l'absorption des radiations solaires en proportions diverses : par l'air humide, par les sphérules liquides, par les spicules de glace ; alourdissement du nuage par l'eau liquide, entraînement vers la terre provoqué par le frottement des gouttes de pluie qui tombent... cette formule ne pourra indiquer qu'une limite supérieure des précipitations possibles et devra être affectée d'un coefficient réducteur pour tenir compte des actions perturbatrices dues au vent, à la fragmentation, à l'entraînement de la gaine atmosphérique périphériqne, etc...

Ces réserves faites, l'application de la formule de Duponchel va nous permettre de nous rendre compte de la grande facilité des pluies de chaleur.

Précipitations de vapeur des colonnes ascensionnelles et températures comparatives dans une atmosphère normale

TEMPÉRATURES SUCCESSIVES	POIDS du mètre cube de vapeur par m3 d'air	PRÉCIPITATION de vapeur par m3 d'air	HAUTEUR DE LA COLONNE		GRADIENT thermométrique normal	GRADIENT dans la colonne
			Normale	Ascendante		
30°	30g 01		0m	0m		
		7gr 21			180m	379m
25°	22 80		900	1.903.75		
		5 65			»	320
20°	17 15		1.800	3.504.85		
		4 42			»	272
15°	12 73		2.700	4.867 30		
		3 37			»	231
10°	9 36		3.600	6.026.10		
		2 57			»	200
5°	6 79		4.500	7 029,68		
		1 92			»	175.4
0°	4 87		5.400	7.907.16		
	D. 25g,14	P. 25g,14				

De ce tableau résulte en opérant par voie de simples soustractions que l'air

marquera 0° aux altitudes	7907 m	6003 m	4398 m
et aura abandonné sous forme de pluie	25gr 14	17g 93	12g 28
s'il était saturé au niveau du sol, aux températures de.	30°	25°	20°

Supposons que la vitesse d'ascension soit de 2 mètres, chaque mètre carré de section débitera 7,200 mètres cubes par heure, et si l'on suppose une durée de fonctionnement de 6 heures, le débit totalisé sera de 43,200 m. c. donnant lieu à une condensation de 1,086 kilos si l'air saturé était à 30° de température. Si la pluie s'étalait sur une surface cent fois plus grande, chaque mètre carré de terrain recevrait une lame d'eau de un centimètre.

Avec l'air saturé à 20° la pluie serait moitié moindre.

Le tableau ci-dessus suppose que la température est la même au pied de la colonne ascensionnelle et dans l'atmosphère ambiante ; en réalité il n'en est point ainsi, grâce à notre aire de surchauffe et de ce chef nous sommes dans de bonnes conditions. Ce tableau suppose en outre que notre air humide est déjà saturé au niveau du sol, en fait il n'en sera jamais ainsi.

Cet état de chose ne se réalise que lorsqu'une atmosphère d'air froid repose sur la terre humide et relativement chaude ; auquel cas un brouillard se produit ; or nous sommes ici dans le cas d'une colonne ascendante.

Il est heureusement aisé de remédier à cet écueil, il suffit ainsi que nous allons le voir de surchauffer de 2° à 3° l'air de notre colonne ascensionnelle.

Supposons que notre air humide ne soit saturé qu'aux trois quarts, qu'il marque 30° au-dessus de notre zone de surchauffe et pour plus de sécurité négligeons l'allègement dû à sa plus grande teneur en vapeur d'eau, et l'influence de sa moindre transparence calorique, admettons en outre un état atmosphérique normal.

Notre air humide renferme 22 gr. 5 et tant qu'il ne sera point saturé il ne peut s'élever que de 101 à 104 mètres par chaque degré de refroissement.

En se refroidissant cet air atteindra son point de saturation lorsque sa température sera descendue à 24°2, à ce moment il se sera élevé à 641^{m}6. Il suffit, par suite, qu'à cette hauteur l'atmosphère marque moins de 24°2 pour que l'air de la colonne ascensionnelle puisse continuer à s'élever. Il en sera ainsi en atmosphère normale, si la température atmosphérique au niveau du sol est de $24°2 + \frac{641,6}{180}$ soit 27°75 et non 30°. Il suffit donc de surchauffer l'air de 2°25 ou mieux de 3 à 4 pour éviter tout échec, or la chose est aisée.

Etendue des surfaces d'évaporation nécessaires.

Notons qu'en supposant que nous ne saturons l'air qu'au 3/4 nous nous plaçons dans des conditions de sécurité très suffisantes ; ce degré de saturation étant spontanément dépassé fort souvent sur les mers et les lacs non engazonnés.

Il nous faut maintenant rechercher si, grâce à une meilleure utilisation de la chaleur solaire, cette surchauffe, cette surévaporation, peuvent être aisément réalisées et quelles devront être les étendues des surfaces.

Supposons que notre zone de surchauffe soit de un hectare, et que dans l'anneau qui l'entoure l'air ne soit saturé qu'à demi, l'évaporation y étant par exemple de 0^{mm}4 par heure, pendant les heures chaudes de la journée.

Le soleil donne à Paris 10 calories par minute et par mètre carré, pendant 8 à 10 heures ; nous pouvons admettre par suite, pour les heures chaudes des belles journées 15 calories de 9 heures du matin à 3 heures du soir, ceci même aux latitudes voisines de 45° et bien plus encore en nous rapprochant de l'équateur. Ci par heure 900 calories et pour 6 heures 5,400 calories.

L'évaporation de 1 litre d'eau pris à 27° et évaporé à 30°, absorbe 588 calories.

Chaque mètre cube d'air à demi saturé à 27° renferme 12 gr. 55 de vapeur. L'air saturé au 3/4 à 30° en contient 22 gr. 05. Il faut donc le charger de 9 gr. 5 d'eau supplémentaire, ci $5^c,6$; l'échauffement de l'air absorbera $0^c,9$, total 6^c, 5 par mètre cube d'air.

Chaque mètre carré de prairie aquatique, recevant du soleil 900 calories par heure pourrait échauffer et humidifier 138 mètres cubes d'air, s'il n'y avait ni réflexion, ni refraction, ni échauffement de l'eau sous-jacente qui ne sera point évaporée. Supposons que ces causes de perte réduisent le rendement à moitié, chaque mètre carré suffira à l'échauffement de 69 mètres cubes d'air.

Nous voulons que notre colonne débite par heure 10.000×2×3.600 soit 72.000.000 de mètres cubes. Il nous faudra donc une surface de 1,043,478 mètres carrés ce qui correspond à un cercle de 577 mètres de rayon. Nous négligeons dans ce calcul l'influence de la zone centrale de surchauffe, zone pour laquelle le rendement calorique sera de près de 100 pour 100, nous supposons en outre que l'utilisation solaire par nos prairies marines ne durera que 6 heures et ne sera pendant ces 6 heures que de 50 pour 100 : ces garanties paraissent largement suffisantes. Les rendements adoptés correspondent en effet à une évaporation de 0 $^m/^m$ 68 par heure pendant les heures chaudes.

Une question troublante se pose ici ; notre aire de surchauffe de un hectare suffira-t-elle pour provoquer un appel d'air humide jusqu'à 521 mètres de sa périphérie ; il ne paraît point possible d'être absolument affirmatif, une enquête sur les ilots du Pacifique permettrait de fixer ce point. Toutefois si l'on veut bien prendre en considération le très minime effort que nécessite le déplacement horizontal de l'air, l'on peut pronostiquer que l'appel s'établira, bien plus loin encore que nous l'avons supposé.

Les vents faibles correspondent à des gradients barométriques plus petits que un millimètre,[1] c'est-à-dire à un état atmosphérique tel, que la pression barométrique varie de moins de un millimètre de mercure par degré géographique, soit 111.111 mètres en moyenne.

Un millimètre de mercure donne une pression égale à celle d'une colonne d'air de 10 m. 52 à la température de 0° ou de 11 m. 29 à 20° soit en moyenne 11 mètres.

Une surcharge d'air de 11 mètres étant suffisante pour provoquer un vent modéré sur un parcours de 111 kilomètres, on peut en conclure qu'une surchage de 0 m. 052 provoquera l'entretien d'une brise sur un rayon de 521 mètres. Ceci nous amène à rechercher si nos colonnes ascensionnelles ne donnent point spontanément naissance à des variations de pression beaucoup plus grandes entre la périphérie de la zone d'évaporation utile et l'aire de surchauffe.

Nous avons vu plus haut qu'il était suffisant de surchauffer l'air de 3 degrés et de le saturer aux 3/4 pour que *ipso facto* dans un état atmosphérique normal cet air s'élève à plusieurs milliers de mètres de hauteur.

1. Angot, *Traité de Météréologie*, p. 139.

Du tableau précédent, il est aisé de déduire qu'à cet écart initial de température de 3° au niveau du sol, correspondront, aux diverses altitudes de :

	0ᵐ	900ᵐ	1 800ᵐ	2.900ᵐ	3.600ᵐ	4.500ᵐ	5.400ᵐ	6 300ᵐ	7.300ᵐ	8.100ᵐ
des écarts de température de :	3°	5,8°	8,3°	10°6	12°8	14°3	15°6	17°1	17°8	18°7

soit en moyenne 12°4.

A un écart de un degré correspond une accroissement de dilatation de l'air de 0ᵐ00367 par mètre de hauteur, ci pour 12°4, 0ᵐ045 et par chaque mille mètres de hauteur 45 mètres, soit pour une colonne ascensionnelle qui suivant le cas aura 4.000 à 8.000 mètres, 180 à 360 mètres.

Du fait de leur plus haute température par rapport à l'atmosphère ambiante, nos colonnes ascensionnelles vont donc donner lieu à un accroissement de dilatation très considérable ; il y aura par suite déversement sur l'atmosphère environnante, nos colonnes vont s'alléger d'autant ; il y aura dépression à leur pied, surpression dans la masse qui les entoure, double raison provoquant un appel énergique.

Si le déversement s'étale sur une surface égale à mille fois la section de la colonne, la surpression sera de 0 m. 36, elle suffirait pour produire la circulation qui nous est nécessaire, or elle ne représente en réalité qu'une très faible fraction des forces mises en jeu, la dépression centrale sera en effet bien plus considérable, La colonne ascensionnelle va s'alléger d'une partie très importante des 180 à 360 mètres d'air dilaté (des 90 pour 100 peut-être), or il suffirait que l'allègement soit de 1/100 pour que la dépression atteigne 1 m. 80 à 3 m. 60, quantité bien plus importante qu'il n'est nécessaire ; finalement, l'on peut présumer que la zone d'appel s'étalera sur un rayon plus grand que celui par nous prévu.

Etendue de l'aire de surchauffe

Dans son ascension verticale notre colonne d'air chaud et humide va, dans sa région périphérique, tendre à entraîner avec elle la gaine atmosphérique qui l'entoure, il y aura frottement, tourbillonnement, appel et mélange ; d'où un amoindrissement d'humidité, un abaissement de température dont les formules ci-dessus ne tiennent point compte ; il paraît, à première réflexion, indispensable pour que ces phénomènes perturbateurs ne deviennent point prédominants que la section de ces colonnes ne soit point trop exiguë. Ce qui entraîne la question suivante : faut-il leur donner 10,000, 100,000 mètres carrés ou davantage encore au minimum.

Des observations déjà relatées au cours de cette étude permettent de dire qu'il ne faut point s'exagérer l'importance de ces causes perturbatrices, elles sont plus apparentes que réelles. En fait, l'appel s'effectuera non pas exclusivement à la surface des eaux, mais bien suivant un cône d'une certaine hauteur, ayant son sommet sur la colonne et sa base sur les surfaces d'évaporation. Le croquis ci-après fait à la même échelle pour les hauteurs et les largeurs, suffirait à lui seul pour faire présumer que nous n'avons point adopté une aire d'appel trop large, mais plutôt trop étroite ; il donne à penser en outre que les résultats seront beaucoup plus importants que ceux que nous escomptons.

Rappelons que les trombes à sable de plus de 1,000 mètres de hauteur, observées par M. Pictet, en Egypte, n'avaient que 2 mètres de diamètre dans leur partie rétrécie. L'échauffement de l'eau au contact des sables brûlants était là, il est vrai, très considérable, mais, en fait, il n'y avait pas ici d'aire de surchauffe distincte. Il suffisait d'une très modeste proéminence pour créer un centre puissant d'appel donnant naissance à une colonne ascensionnelle.

Rappelons en outre qu'il résulte des observations de M. J. D. Hague que chacun des deux îlots qui avoisinent l'île Jarvis donne naissance à une colonne d'air ascendant, douée d'une grande stabilité, malgré les modestes dimensions de ces îlots ; mais des observations encore plus favorables à notre thèse nous sont données par MM. Ploix et Gaspari, ingénieurs hydrographes, dans leur *Météorologie Nautique*[1] :

Récifs sous marins producteurs de nuages à pluie.

« Les chaînes de montagnes dont les sommets ont une température d'autant plus basse qu'ils sont plus élevés, condensent rapidement les vapeurs des vents qui les frappent. C'est pour cela que les sommets élevés sont toujours couverts de nuages et de neiges éternelles.

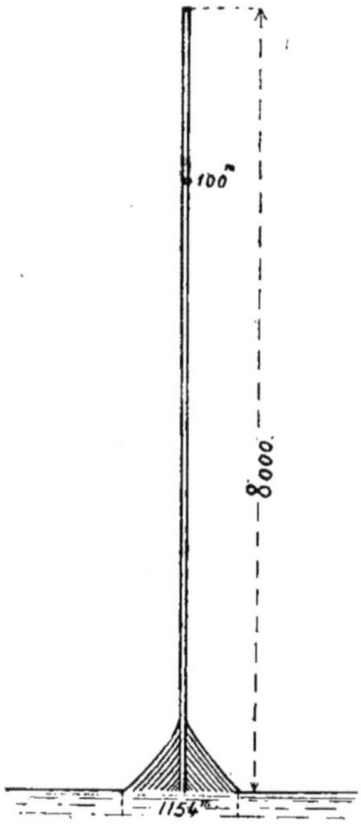

« C'est probablement à une action de refroidissement analogue, exercée sur l'atmosphère, que sont dues ces splendides piles de nuages en forme de cumuli qui étagent leurs masses imposantes au-dessus des îles de l'Océan Pacifique, non seulement lorsqu'elles sont élevées et montagneuses, mais même lorsqu'elles sont basses, même lorsqu'elles ne sont que de simples îles de corail ou, *ce qui est plus remarquable encore, lorsqu'elles sont cachées sous l'eau et ne forment qu'un véritable récif*. Il semble que ces nuages aient été suspendus, au-dessus de ces dangers, comme un phare destiné à prévenir le navigateur du péril qu'aucun autre indice ne lui signalerait peut-être, et au-dessus des îles pour favoriser leur végétation par les pluies abondantes qui en tombent. »

Ainsi, des observations des navigateurs, résulte d'une façon incontestable que des récifs cachés sous l'eau suffisent pour provoquer la formation à leur zénith de masses imposantes de nuages producteurs de pluie. Quelle en est la raison ?

Nous ne saurions admettre un seul instant l'explication de MM. Ploix et Gaspari ; des récifs cachés sous l'eau ne peuvent à aucun point de vue être assimilés à des massifs montagneux ; ceux-ci font obstacle aux vents, les contraignent à remonter leurs versants, à s'élever, à se détendre, à se refroidir ; ils servent en outre par eux-mêmes directement de condenseurs en raison des basses températures qui règnent dans leurs régions élevées ; rien d'analogue ne peut être invoqué en faveur des roches sous-marines. C'est bien à tort que ces

[1] A. Debauve, *Manuel des Ponts et Chaussées, Météorologie*, p. 75.

ingénieurs prétendent que ces récifs sont une cause de refroidissement pour l'atmosphère qui les domine ; tout au contraire, il nous paraît absolument certain que, grâce à la faible profondeur d'eau qui les couvre, ils sont cause de son échauffement.

Les radiations solaires réfractées sont arrêtées par ces roches submergées, leur calorique se trouve par suite concentré dans une couche d'eau peu profonde au lieu de se disséminer sur 150 à 200 mètres de profondeur.

Grâce à cette accumulation de calorique, les eaux qui dominent les récifs doivent être un peu plus chaudes, elles constituent au milieu des océans des zones de surchauffe et de surévaporation engendrant nuages et pluies.

L'accroissement de température de ces eaux ne saurait évidemment être considérable, les courants marins, les marées renouvelant incessamment les eaux. Sans doute, cet accroissement est bien moindre que celui que nos calculs nous ont démontré être plus que suffisant (savoir 2 à 3 degrés centigrades), peut-être ne dépasse-t-il point une fraction de degré.

Il serait du plus haut intérêt que quelque croisière scientique océanographique comprenne ce sujet d'étude dans son programme d'exploration. Le relevé des températures de la mer sur récifs et au large ; la mensuration de l'étendue des aires de surchauffe des hauts-fonds producteurs de nuages pluvieux, permettraient de préciser les conditions de succès des entreprises de production de pluie par l'homme. Cette même étude de l'influence calorique des hauts fonds dirait dans quelle mesure les hauts fonds de Bahama d'une part, les Sargasses d'autre part contribuent à la formation du Gul-Stream.

Capacité de saturation de l'atmosphère suivant températures.

Il ne sera point inutile, pensons-nous, avant de clore cette étude sur les pluies, de résumer en un tableau, les capacités de saturation de l'atmosphère suivant température au niveau du sol pour deux états atmosphériques distincts : dans le premier, la température s'abaissant de 1 degré pour 200 mètres, et, dans le second, de 1 degré pour 150 mètres d'altitude. Diverses conclusions du plus haut intérêt sur l'abondance ou sur la rareté des pluies s'en dégagent.

Capacité de saturation de l'atmosphère

La température de l'atmosphère varie de 1 degré par 200 mètres

ALTITUDE 1	TEMPÉRATURE 2	Poids de vapeur par couche de 1000 mètres 3	Poids de vapeur du zénith à la couche considérée 4
mètres	degrés		
15000	—35	0k.160	
14000	— 30	0 325	0k.160
13000	- 25	0 750	0 485
12000	—20	1 250	1 235
11000	—15	2 00	2 485
10000	—10	3 00	4 485
9000	— 5	4 350	7 485
8000	— 0	6 200	11 835
7000	+ 5	8k.350	18k.035
6000	+10	11 155	26 385
5000	+15	14 805	37 550
4000	+20	19 440	52 355
3000	+25	25 250	71 795
2000	+30	32 700	97 045
1000	+35	41 700	129 745
niveau du sol	+40		171 445
TOTAL.		171k.445	

Capacité de saturation de l'atmosphère

La température varie de 1 degré par 150 mètres

ALTITUDE 1	TEMPÉRATURE 5	Poids de vapeur par couche de 1000 mètres 6	Poids de vapeur du zenith à la couche considérée 7	DIFFÉRENCE 4-7 8
mètres	degrés			
15000	—60			
14000	—53,33			0k.160
13000	—46,66			0 485
12000	—40,00	0k.115		1 235
11000	—33,33	0 270	0k.115	2 370
10000	—26,66	0 685	0 385	4 100
9000	—20,00	1 250	1 070	6 415
8000	—13,33	2 250	2 320	9 515
7000	— 6,66	4k.110	4k 570	13k.465
6000	0	6 550	8 670	17 715
5000	+ 6,66	9 800	15 220	22 330
4000	+13,33	14 240	25 020	27 335
3000	+20,00	20 440	39 260	32 535
2000	+26,66	28 850	59 700	37 345
1000	+33.33	40 400	88 550	41 195
000	+40,00		128 950	42 495
	TOTAL.	128k.950		

Ces tableaux démontrent nettement l'énorme influence de la température qui règne au niveau du sol, ils expliquent l'extraordinaire abondance des pluies sous les climats tropicaux et leur extrême pénurie sous les climats glacés.

De la colonne 3 résulte qu'avec une température de 30° au niveau du sol, l'atmosphère avant d'arriver à saturation absorbera 97 kilogrammes de vapeur par mètre carré de colonne verticale allant jusqu'au zénith ; il pourra, par suite, s'il abandonne moitié de cette eau, donner 48 m/m 5 de pluie. Par contre, dans les pays froids marquant 0°, l'atmosphère à saturation ne renfermera que 11 k. 8 par mètre carré de section, soit huit fois moins ; en se désaturant à moitié la pluie serait de 5 m/m 9.

Nous avons poussé ces tableaux plus loin que ne le comportent nos climats tropicaux actuels pour bien montrer que le refroidissement progressif du globe terrestre dans la suite des âges géologiques a forcément réduit dans d'énormes proportions la pluviosité générale, et en outre pour faire ressortir nettement quel immense intérêt a l'homme à ralentir ce refroidissement, cet assèchement ininterrompu, par une meilleure utilisation des radiations solaires. Résultat qui paraît pouvoir être obtenu dans une certaine mesure en accroissant l'étendue des surfaces d'eau, leur puissance d'évaporation, ce qui diminuera la diathermanéité de l'atmosphère et, par suite, les pertes caloriques par rayonnement vers le ciel.

De ces tableaux résulte :

1° Que l'air est d'autant plus vite saturé que la température atmosphérique décroît plus rapidement ; les pluies seront plus fréquentes et moins copieuses ;

2° Il est plus aisé de provoquer les pluies sur les hauts plateaux qu'au niveau de la mer.

Supposons que l'altitude soit de 2,000 mètres la température de 6°,6 au niveau du sol et le gradient thermométrique de 150 mètres. Dans une atmosphère déjà à demi saturée, il suffira que l'évaporation d'une journée fournisse 7 k. 600 de vapeur, par mètre carré, pour que l'atmosphère sise au-dessus des lacs se sature ; ce résultat peut être atteint spontanément chaque jour sans convergence des vents humides vers un centre de dépression. Une évaporation de $7^{mm},6$ par jour ne doit point être chose rare, à ces hauteurs, vu la moindre pression atmosphérique et la plus grande intensité des radiations solaires, ceci pour des eaux très peu profondes ;

3° Au-delà de 5 à 6,000 mètres de hauteur, les quantités de vapeurs incluses dans l'atmosphère sont très minimes même à saturation, ce qui explique le peu d'abondance des pluies des régions très élevées, l'existence des déserts des hautes altitudes, tels les déserts alpins.

Grande importance de la convergence des vents.

Un autre avantage, non des moindres, est à inscrire à l'actif des zones de surchauffe que nous proposons de créer, au centre des marais, des étangs, des lacs, ou à quelque distance des rivages des mers. En raison de leur situation, l'appel s'effectuera vers tous les points de l'horizon, les vents seront convergents, et cette convergence aura pour effet : de contraindre l'air à s'élever, d'accroître la force ascensionnelle des colonnes d'air chaud et humide et leur stabilité.

Tous les météorologistes sont d'accord pour admettre que tout vent, cheminant des pôles vers l'équateur thermal, autrement dit des régions plus froides vers les régions plus chaudes, ne peut, en général, donner des pluies abondantes, et c'est qu'en effet ce vent va se rechauffer, s'éloigner du point de saturation. Tel est le cas sur le littoral nord-africain dès le mois de mai ; toute cette côte, balayée par l'alizé du Nord-Est, ne reçoit du 1er mai au 1er octobre que des pluies dérisoires.

Dans sa marche vers le Sud, l'alizé se réchauffe au contact des terres et ce n'est que dans les régions élevées que quelques pluies se produisent.

Cette règle d'ordre très général, applicable à tous les courants atmosphériques du globe, souffre cependant une très remarquable exception.

L'alizé du N.-E. après avoir traversé l'aride Sahara, où il n'a certes pu s'enrichir en vapeurs, donne des pluies considérables sur presque toute la largeur de l'Afrique équatoriale même au milieu du continent, soit à 1.600 kilomètres de l'Atlantique et de l'Océan Indien. Ces pluies abondantes, quelle en est la cause prédominante ? sinon la convergence vers l'équateur thermal des alizés du Nord-Est et du Sud-Est.

L'un et l'autre de ces vents marchent vers une zone plus chaude, ils s'éloignent, notamment en plein continent africain, de leur point de saturation ; ils seraient peu aptes par suite à donner des précipitations atmosphériques, s'ils poursuivaient chacun individuellement leur course. Mais par le fait même de leur marche à la rencontre l'un de l'autre, de leur convergence, leur cheminement horizontalement est arrêté ; il se transforme sur le grand cercle de surchauffe qui a le soleil à son zénith à midi chaque jour, en une ascension verticale. L'air en s'élevant, se détend se refroidit, un voile épais de nuages se forme au-dessus de l'Afrique équatoriale, de même d'ailleurs que tout autour du globe terrestre ; c'est la zone des calmes équatoriaux à masses nuageuses imposantes, dénommée *pot au noir*, par les marins de France, *cloud ring* ou anneau de nuages par ceux d'Angleterre. Cet anneau suit le soleil dans ces déplacement, et oscille de 10 à 15° au nord et au sud de l'équateur géographique. Il a chaque jour pour base la zone de surchauffe maximum due aux radiations solaires.

Nul exemple ne saurait mieux faire comprendre quel intérêt extrême s'attache à la création des zones de surchauffe au milieu des étendues d'eau, en vue de l'accroissement des pluies des régions desheritées. Il faut en ces contrées éviter la diffusion, la dissémination des vapeurs dans de trop grandes masses atmosphériques et pour ce, assurer leur convergence, vers des foyers de surchauffe générateurs de puissantes colonnes ascentionnelles.

Utilité des multiples petites dépressions pour diminuer la fréquence et la puissance des violents orages, cyclones, etc.

Il ne sera point superflu de faire observer que la création de très multiples dépressions, propres à engendrer des pluies incessantes, diminuerait la fréquence et la puissance des grandes perturbations atmosphériques cyclones, tornados, violents orages qui causent chaque année de si énormes dégâts, à la surface du globe.

Pour justifier cette opinion, nous ne saurions mieux faire que de donner la description d'un cyclone observé au Bengale.

« Du 10 au 20 octobre 1876, il avait fait constamment beau et absolument calme, sur tout le golfe ; on notait seulement de très légers vents de N.-E., sur les côtes du nord et de S.-W., bien loin au Sud, sur l'Océan Indien ; ces vents opposés tendaient à communiquer à l'air compris entre eux et situé sur le golfe un très léger mouvement de rotation cyclonique, mais ils étaient extrêmement faibles. Le calme régnait aussi dans les régions élevées de l'atmosphère, car pendant tout le mois, même au moment de la plus grande violence de cyclone, les stations de montagne de l'île de Ceylan n'ont jamais signalé que des vents faibles.

« *Après ces dix jours de temps calme et beau, la pression était répartie très uniformément sur tout le golfe de Bengale, où la température était devenue très élevée*, lorsque le 20 quelques pluies commencent à tomber dans le Sud. Les jours suivants le baromètre baisse peu à peu *juste au milieu du golfe*, à l'ouest des îles Andaman, et il s'y forme *un centre de basse pression*, mais cette baisse est absolument localisée et ne s'étend pas jusqu'aux côtes.

« Les jours suivants la pluie augmente de plus en plus, et finit par devenir torrentielle ; la baisse barométrique s'accentue sur place, en même temps le vent augmente, et le 29 au soir il existe toujours à *cet endroit* un véritable cyclone, qui seulement à partir de cette date commence à se déplacer vers le Nord, lentement d'abord, puis de plus en plus vite à mesure qu'il se rapproche du fond du golfe. Le 1er novembre à 3 heures du matin, il arrive à l'embouchure de la Megna et y produit les désastres que nous avons indiqués précédemment (p. 295). Enfin, après un parcours sur terre d'un peu plus d'une heure seulement, le cyclone atteint les collines de Tipperah formées d'une série de chaînons parallèles orientés nord-sud, et dont les plus hauts sommets n'atteignent pas une hauteur de 1,000 mètres. A ce moment, le cyclone cesse complètement, *soit qu'il ne trouve plus dans les couches inférieures de l'atmosphère les conditions nécessaires à son entretien*, soit que le mouvement giratoire ait été détruit par le frottement contre les collines. La disparition du cyclone a été si complète que, de l'autre côté des collines, on a éprouvé seulement un peu de vent ; à quelque distance au delà, à Cachar et dans l'Assam, les stations météorologiques n'ont plus noté qu'une baisse barométrique insignifiante tandis que la pression était descendue à 715 $^{m}/^{m}$ au centre du cyclone[1]. »

Le cyclone atteignit le delta de la Megna (Gange et Brahmapoutra). Les îles et les terres basses furent couvertes d'une couche d'eau de cinq à huit mètres de hauteur et, grâce au ras de marée, la surface inondée s'étala sur 7,800 kilomètres carrés et le nombre des personnes noyées atteignit 215,000.[2]

Ainsi qu'on le voit cette période de calme absolu de dix jours de durée, sans qu'il se produisît la moindre perturbation locale, fut la condition même qui donna naissance à ce redoutable cyclone. Grâce à l'absence sur ce golfe de toute zone

1. A. Angat, *Traité élémentaire de Météorologie*, p. 305.
2. Id., p. 293.

bien marquée de surchauffe, susceptible d'engendrer chaque jour des colonnes ascensionnelles, qui auraient perturbé l'équilibre atmosphérique, et donné des pluies modérées, après dix jours de calme la pression était encore uniformément répartie et la température était devenue très élevées.

Pendant cette période d'incubation, grâce à l'absence de tout vent qui aurait disséminé sur de vastes régions les vapeurs émises, celles-ci s'accumulèrent par diffusion sur le golfe. De cet échauffement de l'air, de son grand enrichissement en vapeurs, résulta un état d'équilibre instable des plus menaçants.

Cet équilibre finit par se rompre et donna lieu à des désastres effroyables.

Dans nos contrées d'Europe, ces périodes de grand calme et de beau soleil, sont, il est vrai, moins calamiteuses ; nos mers abritées, nos grands lacs, vu leur situation en latitude, bénéficient de radiations solaires moins intenses, d'une évaporation moins active, aussi ignorons-nous les cyclones, mais non les grands orages et en raison de la richesse de nos cultures les dégâts qui leur sont dus atteignent parfois des sommes énormes. Tel fut le cas pour celui du 13 juillet 1878 qui traversa la France, la Belgique et la Hollande, de Loches en Touraine à Flessingues, d'Orléans à Utrecht, dont les ravages furent évalués à 24,690,000 francs[1].

Ici encore il importerait de créer de multiples centres de dépression, au milieu des étendues d'eau, de provoquer des pluies quotidiennes en mille et mille points, de ne point laisser se créer des états d'équilibre redoutable ; il faut que l'atmosphère se déleste incessamment de ses vapeurs pour le plus grand profit de notre agriculture et sa plus grande sécurité. L'air est doué d'une certaine inertie, d'une certaine viscosité ; en général, les vapeurs ne pénètrent point spontanément, chaque jour, aux hautes altitudes, dans la zone de condensation et ce, même par les plus grands calmes ; ce n'est qu'après plusieurs jours d'incubation que l'équilibre se rompt ; là est le danger.

Du fait de la condensation de trop grandes masses de vapeur d'eau, un vide trop considérable se produit il y a appel en tous sens sur de trop vastes espaces. De là, résultent de nouvelles condensations, la dépression se creuse, s'accroît. Les ouragans, les tempêtes trouvent dans les régions humides les causes mêmes de leur entretien, de leur accroissement et sont d'autant plus désastreux qu'ils ont été précédés d'une plus longue période de calme.

Dépressions locales et grêles

Il ne semble point qu'il y ait à craindre, que les petits centres de surchauffe ou de dépression, que nous proposons de créer, au milieu des surfaces d'eau, puissent donner lieu à des chutes de grêle.

Tout au contraire, sans doute, serait-il utile, pour diminuer la fréquence des orages régionaux, autrement dit, des chutes de grêle, qui ne sont pas des épiphénomènes des tempêtes et cyclones, de multiplier ces centres de dépression, dans les régions plus particulièrement ravagées chaque année par ce fléau.

1. Flammarion, *l'Atmosphère*, p. 668.

La production de ces hydro-météores nécessite d'ordinaire la concomitance des conditions atmosphériques suivantes : Grande richesse en cristaux de glace des hautes régions de l'atmosphère, mouvement général de descente de ces hautes régions vers la terre, intrusion violente des cirrus dans les couches plus humides situées à plus basse altitude, violents mouvements giratoires.

L'ensemencement du ciel, en cristaux de glace, peut être dû, à l'ascension directe dans la région même, par les journées chaudes et calmes de masses d'air surchauffées peu humides ; qui, précisément, en raison de leur insuffisante humidité, n'ont pu arriver à condensation qu'à très haute altitude, et ont donné naissance à des cristaux et non à des sphérules liquides.

A cette ascension non ordonnée, de grandes masses d'air, relativement sec, il serait sans doute préférable de substituer une ascension ordonnée à l'aide de quelques colonnes ascensionnelles à air très humide ; lesquelles en raison même de leur grande teneur en vapeurs, entreront en condensation à des altitudes bien moindres, déchargeront chaque jour l'atmosphère, diminueront par suite la puissance des ouragans, tout en donnant des pluies bienfaisantes et fréquentes.

La grêle ne saurait, en effet, résulter de la chute sous la seule action de la gravité, de cristaux de glace à travers une masse nuageuse épaisse de sphérules liquides ; ces cristaux se liquéfieront promptement : ce sont des gouttes d'eau qui arriveront à terre. La citation suivante empruntée à la *Nouvelle Etude sur les tempêtes*, de M. Faye, va nous fixer à ce sujet :

« Dans le premier phénomène (dépression cyclonique) les pressions au sein des masses d'air supérieures animées de girations rapides ne se transmettent plus également en tous sens, comme à l'état statique ; l'air ne monte pas, il descend, entraînant avec lui les cirrus élevés. L'intrusion violente de ces cirrus, dans les couches supérieures chargées d'humidité, détermine la formation brusque des averses, de la grêle, du tonnerre.

« Dans les dépressions fixes, bien plus faibles d'ordinaire, les choses se passent différemment ; l'aspect du ciel y est tout autre ; la succession des phénomènes s'y opère tranquillement ; c'est une question de météorologie statique. Il s'y produit, vers la périphérie des brises plus ou moins convergentes (déviées naturellement par la rotation du globe), mais non des girations violentes. L'air y monte avec lenteur. Il peut y avoir des pluies, *non des averses ou de la grêle.* Averses, tonnerres, grêles exigent, en effet, l'intervention des cirrus qui, dans ce second cas, restent en haut, charriés par les courants supérieurs, ou tombent avec lenteur par le seul effet de la gravité [1].

Enorme importance d'une première pluie provoquée en temps opportun.

Nous ne saurions clore cette étude, sans faire observer qu'une première pluie, même très limitée, provoquée en temps opportun, en fin d'été, ou au commencement de l'automne notamment, donnera parfois lieu, à une série de pluies copieuses,

1. H. Faye, *Nouvelle étude sur les tempêtes*, p. 91.

s'étalant sur des surfaces de plus en plus vastes, qui transformeront en une année à abondantes récoltes, une année qui eût pu être déficitaire.

En effet, en suite de cette première pluie, la localité qui en bénéficiera, se trouvera transformée pendant plusieurs jours, tant que le sol sera très humide, en une aire de surévaporation pendant les belles journées de soleil. Cette aire de surévaporation donnera naissance à une dépression plus ample, plus vaste, que la petite dépression initiale due à l'aire artificielle de surchauffe ; elle pourra, par suite, provoquer des pluies plus générales qui, à leur tour, pourront en engendrer d'autres. C'est précisément à ces répercussions que sont attribuables les inondations qui ont ravagé le Midi de la France, de fin septembre à mi-novembre 1907.

Sans doute eût-il été possible, en provoquant des pluies de proche en proche, à partir de la première zone réceptrice, de déplacer sur un très grand parcours, la ligne des orages ; d'éviter cette énorme accumulation, en quelques régions limitées, des précipitations météoriques qui ont entraîné de si formidables désastres.

Ce très récent exemple, des calamités que peut produire l'aveugle nature, même dans notre belle et douce France, si privilégiée cependant, au point de vue météorologique, démontre pertinemment qu'en tous pays, qu'ils soient arides ou pluvieux, tempérés ou torides, il importe beaucoup que l'homme intervienne enfin, grâce à la création opportune de multiples petites dépressions locales, pour atténuer les perturbations atmosphériques, pour régulariser la distribution des précipitations météoriques.

CONCLUSIONS

Nous croyons avoir démontré au cours de ce mémoire, que la plupart des actions naturelles tendent spontanément à accroître l'aridité des régions peu pluvieuses et chaudes, jusqu'à la limite néfaste caractérisée par les steppes et les déserts ; elles se prêtent un mutuel appui et concourent aux mêmes fins : diminution des sources et cours d'eau, transformation des lacs en marécages éphémères et, consécutivement, diminution de l'évaporation continentale et des pluies.

Dans la suite des temps, les eaux sauvages ont sillonné la terre d'un réseau de rides à mailles de plus en plus étroites, à lits de plus en plus profonds, de façon à atteindre le plus promptement, par les lignes de moindre parcours et de plus grande pente, les dépressions les plus proches.

L'emmagasinement des eaux dans les flancs des montagnes a été en diminuant, en raison de l'amoindrissement de leur masse, de l'érosion de leurs versants et, d'autre part, du colmatage de leurs sommets par les sédiments aériens et la végétation ; colmatage qui a eu pour effet de réduire l'infiltration immédiate et profonde des précipitations météoriques et d'accroître les reprises par l'atmosphère.

Sous l'apport incessant des matériaux arrachés aux massifs montagneux, aux rives des cours d'eaux, les fonds des lacs se sont exhaussés, colmatés, en même temps que l'usure progressive de leur seuil a abaissé leur niveau de retenue, d'où diminution progressive des étendues d'eau continentales propices à l'alimentation des nappes profondes, amoindrissement des surfaces permanentes d'évaporation et réduction des pluies.

Dès que celles-ci sont devenues insuffisantes pour pourvoir largement aux besoins d'une végétation vigoureuse, massive, continue, les terres partiellement dénudées se sont surchauffées en saison estivale. L'évaporation des lacs et des mers intérieures a de moins en moins contribué aux pluies de leurs bassins hydrographiques ; les vapeurs se diffusant dans de plus grandes masses d'air chaud et sec ; en même temps les pluies de convection devenaient plus rares sur des sols de plus en plus arides et brûlants ; l'assèchement a donc poursuivi sa marche progressive. De là résulte bien que c'est par suite d'une évolution toute naturelle que les déserts se sont peu à peu étalés sur d'immenses surfaces. C'est ainsi que le Sahara, l'Arabie après avoir bénéficié pendant l'époque quaternaire de régimes très pluvieux, ainsi que le démontrent : les prodigieux lits désséchés de l'oued Er-Roumana en Turquie d'Asie, de L'Igharghar, du Sakermet en Afrique (de mille kilomètres de parcours chaque, l'étendue de leurs anciens lacs), se sont peu à peu, par étapes successives, comprenant chacune sans doute quelques centaines de siècles, transformés en arides déserts.

Est-il possible à l'homme de reconquérir peu à peu ceux-ci à la civilisation, à la culture, d'accroître progressivement leurs sources, leurs oueds, de changer ceux-ci en rivières, de transformer leur sebkas, leurs chotts en lacs permanents, de faire reculer les steppes sahariennes et d'Arabie, des littoraux de l'Atlantique, de la Méditerranée, de la mer Rouge, du golfe Arabique vers les centres continentaux ; d'accroître leurs pluies ? Nous le croyons fermement.

Tous les efforts de l'homme se sont dépensés jusqu'ici, en vue de la conquête des nouvelles terres, à réduire les surfaces d'eau continentales.

Au lieu de reconstituer à leur niveau primitif les anciens seuils des lacs, les ressauts des fleuves, il laisse la nature poursuivre son œuvre néfaste et mieux encore en régions civilisées, il s'emploie à abaisser ces seuils à détruire ces hauts fonds.

Les dangers des inondations lui font oublier leurs immenses bienfaits ; c'est à ces inondations que l'homme doit cependant ses terres les plus riches. C'est grâce à la submersion annuelle par le Nil, que l'Egypte bénéficie d'une éternelle fécondité, malgré qu'elle soit entourée de déserts.

L'hygiéniste voit trop exclusivement dans toute retenue d'eau un danger pour la santé publique et, grâce à la prépondérance de son action, de son influence, à une incomplète vue des choses, l'homme s'acharne à diminuer et les pluies et les sources, à accélérer l'œuvre néfaste d'assèchement due aux actions naturelles.

Il y a lieu sûrement d'élargir nos vues ; il faut tenir compte des répercussions des phénomènes, de leur solidarité ; rechercher les solutions qui permettent de concilier tous les intérêts en présence : l'amélioration de l'hydrologie, l'accroissement de la salubrité ; ne point augmenter la pénurie des récoltes, la fréquence des années de disette, la misère des populations agricoles ; ne point se borner à prendre exclusivement en considération, comme seule règle sociale, le danger des fièvres palustres.

La première œuvre à poursuivre est évidemment d'étudier avec soin tous les éléments qui contribuent à l'hydrologie, à la météorologie de chaque région, de chaque localité. Il faut mesurer la quotité des pluies annuelles, leur distribution entre les saisons, leurs débits horaires et journaliers ; la capacité d'imbibition, de retenue, de libre écoulement des terres, leur perméabilité, la puissance de transpiration ou d'évaporation des forêts, des cultures et des diverses sortes de terrains ; il convient d'estimer, avec précision, la valeur respective des éléments qui entrent en jeu, de façon à ne pas attribuer une importance exagérée à ceux qui ne sont que secondaires et une minime influence à ceux qui sont prépondérants.

On devra se garder d'appliquer aveuglément en régions chaudes et arides les conceptions nées dans les pays froids et humides. Le rapport de l'évaporation aux pluies est sept à huit fois plus grand sur les hauts plateaux algériens qu'à Paris ; les moyens à employer pour améliorer l'hydrologie du Sud-Algérien ne sont par suite point obligatoirement les mêmes. Ces éléments soigneusement déterminés, leur importance respective bien fixée, les solutions s'imposeront d'elles-mêmes, sans erreur possible. On marchera d'une façon sûre vers l'amélioration de l'hydrologie régionale et locale, on cessera de gaspiller les deniers publics en travaux qui vont à l'encontre du but que l'on vise, ainsi qu'on l'a fait souvent en Algérie et ce notamment grâce à l'incomplète compréhension des actions diverses exercées par les forêts, les lacs, les étangs ; à l'oubli que l'on a commis en ne tenant compte ni de la capacité de retenue des terres, ni de la puissance de transpiration des arbres.

On cessera en outre de rendre chaque jour plus formidable l'arsenal de nos lois forestières, protectrices des broussailles appartenant aux particuliers, lois qui sans profit aucun pour le bien public lèsent grièvement les populations en montagne, les contraignent à l'indolence, au vol, à l'incessante violation de la légalité et les amènent à incendier les forêts séculaires qu'ils respectaient avant la conquête. Ces broussailles ne contribuent en rien aux sources, la plupart ne se transformeront jamais en forêts ; elles n'ont d'utilisation possible que le pâturage et parfois le labour. Mieux vaudrait par suite laisser les indigènes jouir en paix de leurs terres, ou, tout au moins, leur en donner d'autres en échange sur lesquelles il leur soit permis de vivre de leur travail.

Il importe de procéder suivant une méthode logique dans un ordre déterminé et de ne jamais sacrifier les résultats certains aux simples possibilités. On devra donc tout d'abord assurer la très copieuse alimentation des sources, leur multiplication et, pour cela, empêcher dans la plus large mesure possible que les eaux torrentielles des saisons pluvieuses continuent à aller se jeter inutilement dans les mers. Nous devons employer tous nos efforts à les emmagasiner dans les roches perméables des montagnes, dans les alluvions des vallées ; utiliser jusqu'à sursaturation la capacité d'imbibition de tous nos terrains. Toute l'eau, tout le limon à la terre, tel doit être le premier objectif.

Ce fut très vraisemblablement celui de nos prédécessseurs sur le littoral nord-africain. Il sera sûrement de première utilité de reconstituer les ouvrages hydrauliques que Rome et Carthage avaient édifiés ; notamment les barrages, les étangs et les puits d'absorption. Ce n'est d'ailleurs là qu'une partie de l'œuvre à poursuivre, mais c'est celle qui s'impose en premier lieu.

Des observations faites en Russie, en France, en Allemagne, il résulte indubitablement à cette heure, et cela est dû aux persévérants efforts d'Ototsky, que la forêt est un agent d'assèchement du sol d'une énergie extrême, cela, même aux latitudes moyennes et, par suite, bien plus encore en marchant vers l'équateur. Il n'en est point de plus efficace, sauf peut-être un réseau serré de drainages profonds.

Cette conclusion résultait d'ailleurs implicitement des observations ou expériences antérieures de Risler, d'Ebermayér de Marié-Davy et d'un grand nombre d'autres savants.

C'est vouloir perpétuer l'erreur et empêcher le progrès que de dire que, grâce aux obstacles que les forêts opposent au ruissellement des eaux sauvages, leur présence sur les flancs des montagnes favorise l'alimentation des sources.

A priori, cet argument paraît irréfutable, mais en réalité il est sans valeur ; on néglige là les autres influences de l'arbre.

Nous croyons avoir démontré par des chiffres certains, qu'en raison des prélèvements que les feuillages et branchages exercent sur les pluies, de la grande capacité d'imbibition des terrains, notamment de ceux qui sont riches en humus, à la grande puissance de transpiration des arbres ; les forêts, *même alors qu'elles supprimeraient tout ruissellement* ne peuvent en régions peu pluvieuses et chaudes faciliter l'alimentation des sources.

Les besoins physiologiques de l'arbre étant supérieurs au contingent d'eau qui arrive au sol, les racines ne peuvent faire autrement que d'extraire de celui-ci toute l'eau qu'il renferme sur plusieurs mètres de profondeur, alors qu'en terrain dépourvu de toute végétation l'assèchement dû à l'évaporation, alimentée par simple capillarité, descendait bien moins profondément.

Le vide dû au fonctionnement des racines ne peut, nous l'avons vu, être comblé par l'ensemble des précipitations météoriques d'une année très pluvieuse ; il est beaucoup trop important. Les terrains sous forêt, de plaine et de montagne sont par suite inaptes à faciliter l'alimentation des nappes aquifères, même alors qu'elles supprimeraient tout ruissellement, ce qui n'a point lieu.

Ce n'est point à dire d'ailleurs que ces mêmes terres, si on se bornait à les dénuder sans les entretenir en bon état de culture, donneraient des résultats meilleurs ; les ruissellements seraient accrus et l'infiltration très faible, dans les sols inclinés et peu perméables notamment.

La capacité de retenue de la plupart des sols constitue le plus grand obstacle à l'infiltration profonde des eaux. Seuls, les terrains très perméables, terrains qui sont caractérisés par une faible capacité de retenue, un faible pouvoir ascensionnel pour les eaux, une très rapide pénétration et sont formés de particules relativement grosses non agglutinées par un ciment, les roches fissurées, les terrains abrités contre l'évaporation par un revêtement dénué de capillarité sont favorables aux sources, en régions chaudes et peu pluvieuses.

Sauf sur les hautes cimes froides, réceptrices des neiges, les progrès de l'hydrologie ne peuvent être basés sur l'extension des boisements ; il faut dans les régions arides recourir aux moyens qui permettent de réduire dans une très large mesure les prélèvements par évaporation. Sur les croupes et les flancs des montagnes on facilitera la prompte pénétration des pluies en décapant les terrains perméables, en mettant à nu les fissures des roches, en creusant des tranchées et des puits, en recouvrant le sol de revêtements de pierrailles et on suralimentera avec les ruissellements des terrains supérieurs ces zones d'absorption. Sur les plateaux et dans les plaines, on massera la plus grande quantité possible de ces eaux sauvages sur des terrains à bancs perméables, et, au besoin, à l'aide de tranchées ou de puits absorbants, on mettra en communication les roches poreuses souterraines avec les eaux emmagasinées au-dessus à l'aide de digues en terre.

Nous avons vu que la surirrigation hivernale de 280 à 300 hectares de terrain d'alluvion donnera lieu à un enfouissement d'un million de mètres cubes d'eau libre de cheminer dans les profondeurs du sol et de s'écouler lentement vers les thalwegs voisins ; il est donc aisé par une bonne utilisation des eaux torrentielles d'hiver, à l'aide de barrages de dérivation établis dans les ravins ou les étranglements des gorges, de transformer les rides du sol en ruisseaux, les oueds en rivières à débit permanent et important.

De même, il est loisible de multiplier à l'infini les sources, dans toutes les montagnes, sauf dans les massifs absolument imperméables, chose fort rare ; sachant qu'il suffit de deux centimètres de pierrailles, pour tripler et quadrupler l'importance des infiltrations et ce : grâce à la réduction considérable de l'évaporation, à l'heureuse modification que subit le mode d'écoulement des eaux, en nappes continues et non plus en ravines, enfin à ce que la terre ne se couvre point aussi promptement d'une croûte dure rebelle à la pénétration rapide des ruissellements. Même dans des régions très arides telles que les hauts plateaux du Sud algérien, les pluies sont suffisantes pour qu'un hectare de terrain convenablement choisi engendre une source pérenne débitant plus de 4.000 litres par jour, si, grâce à un manteau de pierrailles, les reprises par l'atmosphère n'atteignent que moitié des pluies. La multiplication des sources permettrait de doubler ou tripler l'importance du cheptel des hauts plateaux ; la solution que nous préconisons n'est donc pas sans intérêt.

Nous avons vu en outre quel grand profit la culture des régions arides à sol caillouteux pourrait tirer d'un revêtement de menues pierres ramenées à la surface du sol par un simple labour à l'aide de charrues appropriées dénommées par nous exolithes.

L'évaporation de la terre recouverte de deux à huit centimètres de menues pierres est, en effet, de deux fois à cinq fois plus faible que celle d'un sol nu ; l'ensemencement des céréales devient dès lors possible, même dans les steppes ne recevant que 250 à 300 millimètres de pluie.

Nous venons de dire qu'en régions arides les forêts étaient éminemment aptes à assécher plus profondément les terrains ; que par cela même elles constituaient l'obstacle le plus redoutable à l'alimentation des sources ; ceci cesserait évidemment d'être vrai, si à l'aide de dérivations convenables on les suralimentait, en leur donnant dix fois plus d'eau que le ciel leur en octroie spontanément.

Par ce fait même, que les forêts assèchent plus profondément les terrains qu'elles occupent, elles diffusent dans l'atmosphère des quantités de vapeurs d'eau plus notables, elles modèrent en outre l'échauffement du sol, son rayonnement vers le ciel ; de là résulte qu'elles doivent favoriser quelque peu la production des pluies de convection et de relief.

De l'ensemble des observations signalées par M. le professeur E. Henry, dans *Forêts et Pluies*, paraît en effet résulter que les forêts reçoivent en général plus d'eaux météoriques ; le fait n'est d'ailleurs point constant ; l'accroissement, là ou il se produit, n'atteint en moyenne que 12 p. 0/0 ; il est inférieur par suite à la perte par évaporation immédiate que la retenue par les frondaisons fait subir aux hydrométéores ; peut-être serait-il possible d'obtenir des résultats plus marqués en facilitant la convergence des exhalaisons aqueuses des bois vers des centres de surchauffe convenablement situés, et de permettre ainsi aux forêts de contribuer à la production des pluies de chaleur, ce qui en l'état habituel n'a point lieu.

Des considérations ci-dessus résulte que l'on ne peut demander aux forêts, pas plus d'ailleurs qu'aux cultures et aux champs nus, de contribuer à la fois aux sources et aux pluies. Ce sont là des fonctions antagonistes qu'il faut localiser en des terrains distincts.

On aménagera en vue de la production des sources, tous les terrains en montagne qui y sont aptes, en raison de leur perméabilité relative, de la facilité de leur suralimentation, et on réservera les autres, c'est-à-dire les massifs ne satisfaisant point à la possibilité d'infiltrations abondantes et impropres aux cultures, au boisement.

Nous avons été entraîné en parlant des forêts à dire incidemment quelques mots des pluies ; il nous faut maintenant traiter ce sujet.

Les pluies résultent le plus fréquemment des mouvements généraux de l'atmosphère, elles ne s'établissent le plus souvent dans nos contrées, que lorsque les nuages s'étalent sur de vastes régions ; elles peuvent cependant se produire sur des étendues fort minimes et sous des formes diverses. Il n'est point sans intérêt, pour montrer qu'elles ne sont point hors de la portée de l'homme, de signaler leurs plus modestes manifestations.

Des gouttes de pluie tombent assez souvent d'un ciel sans nuage ; ce fait a été consigné par bien des observateurs ; nous l'avons personnellement observé plusieurs fois. Sans doute ces gouttes résultent-elles : de la chute de cristaux de glace, invisibles et clairsemés dans les hautes régions du ciel, de la condensation qui s'est effectuée autour de ces noyaux, pendant leur mouvement de descente ; nous sommes ici à l'extrême limite des précipitations météoriques, nous avons affaire à des pluies sans nuage.

Lors de l'émission, par les soupapes de sûreté d'une locomotive, de l'excédent de vapeur produite pendant les périodes de stationnement, des pluies à fines gouttelettes tombent, parfois, du panache nuageux qui tend à s'élever vers le ciel.

Minime est en réalité la quantité de vapeurs expulsée ; mais grâce à la détente considérable qui se produit, non seulement par ascension verticale, mais aussi dans tous les sens, le refroidissement est rapide. La vapeur se transforme en fines particules qui s'accroissent dans leur chute à travers le panache et dont partie arrive jusqu'au sol, si le vent ne dissémine pas trop rapidement le jet de vapeur, et si l'air ambiant est humide.

Arago rapporte l'observation d'un nuage orageux, n'ayant que 8 mètres d'épaisseur planant à 28 mètres d'altitude, d'où s'échappait la pluie, d'où jaillissait la foudre[1].

M. Plumandon a plusieurs fois observé au sommet du Puy-de-Dôme, par un ciel absolument pur, un petit nuage qui en cachait à peine la pointe pendant une demi-heure, une heure et donnait la pluie[2]. Celle-ci est donc possible, même alors que le volume d'air sursaturé est très faible.

1. De la Rive, *Traité de l'Électricité*, t. III, p. 124.
2. Plumandon, *Formation des principaux Météores*, p. 14.

Enfin nous avons rapporté nombre suffisant d'observations dues à des navigateurs, desquelles il résulte qu'un îlot corallien en plein océan, et, chose plus remarquable encore, un simple récif sous-marin suffit parfois pour engendrer à son zénith une masse imposante de nuages donnant la pluie. Leur production n'exige donc pas que l'homme exerce son action sur d'immenses étendues. Cette considération n'est point sans intérêt ; elle permettra de procéder à de multiples essais avec chance de succès, sans trop grandes dépenses.

Un récif en plein océan ne peut évidemment exercer une action perturbatrice directe sur l'atmosphère qui le domine, modifier par sa seule présence le cours des vents. Ce n'est que grâce à un plus grand échauffement des eaux qui le baignent, qu'il peut altérer l'équilibre atmosphérique. Ce plus grand échauffement s'explique aisément ; les roches submergées, arrêtent au passage les radiations solaires réfractées et échauffent d'autant les eaux qui les recouvrent. Il n'est point possible d'admettre, ni même d'invoquer une autre explication. Ces récifs produisent donc un échauffement des eaux, et cet échauffement, quoique des plus minimes en raison des grandes masses d'eau engagées que les flots et courants renouvellent sans cesse, suffit pour donner lieu à une colonne ascendante, laquelle se couronne de nuages.

La conclusion qui s'impose invinciblement est qu'il suffira de créer des zones de surchauffe au milieu des eaux pour faire naître les pluies de chaleur. Comme première approximation, un calcul des plus simples nous a permis de voir que même en nous plaçant dans des conditions très défavorables (atmosphère très sèche, degré hygrométrique 50), un échauffement de 2°,2 et un accroissement d'humidité de un quart seraient largement suffisants pour assurer la formation spontanée pendant chaque jour de beau soleil d'une colonne ascensionnelle génératrice de nuages et de pluie.

Nous avons démontré en adoptant une série de coefficients de rendements peu favorables à notre thèse que cette surchauffe, cet accroissement d'humidité seraient aisément produits par une surface engazonnée de 100 hectares environ. Il est permis d'espérer que dans les états atmosphériques favorables une aire de modeste étendue, cinquante à cent ares suffira pour provoquer une perturbation du même ordre qu'un récif sous-marin et donnera des pluies.

Un revêtement opaque, qu'il soit constitué par des parcelles indépendantes, par une pellicule d'huile opaque, ou formé de bandes continues, va capter la majeure partie des radiations solaire qui, en son absence, se seraient réfractées à grande profondeur ou même réfléchies, sa température sera plus élevée que celle des eaux qui l'entourent ; il donnera naissance à une aire de surchauffe et par suite à une colonne ascendante, il y aura appel de la couche d'air humide qui touche l'eau, production de brises convergentes, tout comme dans la zone équatoriale à la rencontre des alizés ; d'où nouvelle cause d'ascension.

Cette colonne d'air par cela même qu'elle est plus humide que l'atmosphère qui l'entoure, est moins diathermane, le soleil l'échauffera davantage ; ci un accroissement d'impulsion verticale. Dans son ascension, l'air va, il est vrai, se détendre, se refroidir, les vapeurs vont se condenser ; mais du fait même de cette condensation, la chaleur latente emmagasinée sera restituée, la température sera par suite plus élevée que dans l'atmosphère environnante, le mouvement ascensionnel se poursuivra donc avec plus d'énergie encore dès la phase de condensation atteinte.

Les particules d'eau liquide ainsi produites vont d'ailleurs intercepter entièrement les radiations solaires dès que leur masse sera suffisante, le nuage se réchauffera par le haut, en même temps qu'il continuera à recevoir du bas d'incessants apports de vapeur ; il s'étalera donc et son épaisseur s'accroîtra.

Il est utile de consigner, ici, que d'un nuage quelconque tombent incessamment des sphérules d'eau liquide qui, le plus souvent, tendent à s'accroître pendant la traversée du nuage, puis diminuent par évaporation en descendant du nuage à la terre ; tel n'est cependant toujours pas le cas. Grâce aux particules de poussière qui flottent incessamment dans l'air, aux ions, à l'ozone, aux combinaisons azotées, les nuages se forment dès avant que l'air soit saturé, et dans ces conditions les particules condensées ne sauraient grossir même pendant leur chute à travers le nuage. La vitesse de chute des particules est d'ailleurs très faible lors de leur formation, et le moindre courant ascendant les fait remonter vers le zénith. Tout nuage tend incessamment à se dissoudre par le bas et le haut et à se reformer plus haut ; finalement, tous les nuages ne sont point aptes à la production des pluies.

Si l'air sous-jacent est trop aride, si dans la traversée du nuage les sphérules ne sont point devenues de volumineuses gouttes, la pluie n'atteindra point le sol, surtout si le vent souffle. Nous avons personnellement fréquemment souffert de cet état de chose. En certaines années des masses imposantes de nuages ont, pendant des dix et quinze jours consécutifs, passé au-dessus de notre région, laquelle est cependant en bordure sur la mer, sans que le sol ait reçu une goutte d'eau. Il ne suffit donc point de produire des nuages ; il faut en outre que ceux-ci réunissent les conditions requises pour donner naissance à de volumineuses gouttes. Grâce à leur chute rapide, à leur tension de vapeur d'autant plus petite que les dimensions des gouttes sont plus grandes, celles-ci peuvent plus aisément atteindre le sol.

Les nuages produits par les colonnes ascensionnelles paraissent, par temps calmes, réunir toutes les conditions voulues. Etant, en effet, alimentés par le bas pendant plusieurs heures consécutives, ils s'accroissent en tous sens ; atteignent de grandes épaisseurs, en même temps qu'ils se sursaturent ; ces deux dernières conditions sont tout particulièrement favorables à l'accroissement des particules à leur transformation en gouttes volumineuses.

Une indication de non moins bon augure se dégage de l'étude de leur hauteur d'ascension.

Quelle sera-t-elle réellement ? A quel moment un régime stable s'établira-t-il ? sinon lorsque les piles de nuages seront alourdies d'une masse suffisante de particules d'eau et se déchargeront d'une quantité de pluie précisément égale à la quantité de vapeurs qu'elles reçoivent par le bas.

Sous l'influence des radiations solaires qu'elles arrêtent au passage, influence dont les formules de MM. Peslin et Duponchel ne tiennent point compte, ces masses opaques tendent à continuer à monter. Qui peut les arrêter dans leur ascension ? Sinon le frôlement des particules liquides dans leur descente et, pour une bien plus large part, le frottement énergique des gouttes de pluie dans leur chute rapide. Tant que cette pluie ne sera pas devenue assez abondante, le mouvement ascendant se poursuivra ; le sommet du nuage s'echauffera, se dissoudra, l'air échauffé entraînera les vapeurs plus haut encore, il y aura finalement production de cristaux de glace, un panache de *cirrus* se formera au-dessus du *cumulus* ou du *cumulo-nimbus*.

Malgré un soleil ardent ces spicules persistent dans le ciel, sont visibles à l'œil, ainsi que les aéronautes, MM. Tissandier entre autre, l'ont signalé. Sans doute les radiations solaires sont-elles réfléchies par leurs faces, peut-être aussi se produit-il là une transformation de l'énergie calorique en énergie électrique tout comme dans les cristaux pyro-électriques ; le fait certain est que ces spicules de glace sont électrisées positivement et l'air ambiant négativement. Sous l'action des rayons violets solaires, la glace sèche, se comporte, d'après observations de M. Brillouin, comme les corps métalliques : des ions négatifs en émanent, les cristaux restent chargés positivement. Ces cristaux dans leur descente à travers le massif nuageux vont servir de centre d'attraction et en même temps de noyaux de condensation d'une très grande efficacité. Ils colligent à la fois les particules liquides et les vapeurs ; ils donnent lieu à de larges gouttes de pluie.

La concomitance des cirrus et des cumulus caractérise d'ailleurs une situation atmosphérique très favorables aux pluies, et c'est qu'en effet tout concourt ici à la formation de gouttes efficaces susceptibles d'atteindre le sol.

La création des aires de surchauffe à la surface des eaux est donc sûrement le moyen de production des pluies le mieux indiqué, en même temps qu'il est en principe d'une extrême simplicité. En fait, le maintien de nappes flottantes artificielles de grande surface présentera de grandes difficultés, notamment sur les littoraux des mers et des grands lacs. Les vents et les courants tendront sans cesse à les déplacer et les vagues à les détruire. Ces nappes seront aménagées de telle sorte, qu'il soit aisé de les immerger au fond des eaux, ou de les ramener à terre, ou encore de les enrouler sur des treuils à bord des navires, elles devront être d'une très minime valeur et très difficilement périssables. Cette solution s'impose d'elle-même, malgré les difficultés qu'elle présente ; elle résulte de l'observation des phénomènes naturels, du simple rapprochement des faits incontestables ci-dessous énumérés :

1° Toutes les pluies sont dues au refroidissement de l'air humide ;

2° La température décroît dans l'atmosphère de 1 degré en moyenne par 180 mètres d'accroissement d'altitude ;

3° Sur tous les points du globe, un froid glacial règne à quelques milles mètres de hauteur ;

4° Ce refroidissement de 1 degré ne peut, en général, être atteint dans le sens horizontal qu'en cheminant de plus de 200 kilomètres vers le Nord.

5° L'abaissement de température dans une colonne ascendante d'air saturé est bien moins rapide que dans l'atmosphère normale, le mouvement d'ascension tend donc à se poursuivre très haut ;

6° En ne tenant point compte du plus grand pouvoir absorbant pour les radiations solaires de l'air plus humide, il suffirait le plus souvent de surchauffer l'air de deux à trois degrés et de le saturer aux trois quarts, pour qu'il puisse par le fait même de cet échauffement et de cette teneur en vapeur atteindre une hauteur suffisante pour arriver à saturation complète et continuer par suite son ascension. Notons ici que l'atmosphère qui domine les surfaces d'eau est d'ordinaire plus qu'au trois quart saturée.

Dès lors, rien de plus logique que de contraindre les vapeurs émises par les littoraux des océans, des mers, des lacs ; par les étangs, les marais, à monter droit vers le zénith. Que faut-il pour cela ? arrêter à la surface des eaux, à l'aide d'une pellicule opaque, les radiations solaires qui se seraient réfractées. Cette pellicule va échauffer l'air, un mouvement d'ascension se produira, il y aura appel et, par suite, convergence des brises qui effleurent les eaux, puis ascension jusque dans la zone des condensations atmosphériques.

Ces pellicules flottantes peuvent être constituées suivant des modes très distincts :

Dans l'un, l'on aura recours à des parcelles de matières légères indépendantes, telles que des scories gorgées d'air, analogues aux ponces volcaniques, des débris de bois, de liège, des sargasses, etc. On ensemencera ces matériaux dans une aire limitée sur tout son pourtour par des palplanches flottant sur champ, par des troncs d'arbres dégrossis, convenablement armés pour former barrière, reliés entre eux et attachés à des corps morts, ou encore par les bandes décrites ci-après.

Dans un autre, l'on aura recours à des bandes continues (deux à quatre mètres de large sur cent mètres de long, par exemple), formées de toiles d'emballage, d'étoffes spongieuses ou imperméables suivant le cas, supportées par des lattes en bois, des roseaux, des bambous, des parcelles de liège ou autres matières légères dont on maintiendra la puissance de flottaison en les imprégnant de mastics convenables, ou encore l'on emploiera des claies, des nattes, des paillassons : de roseaux, de bambous, de rotangs entrelacés après imprégnation. Les bandes devront être facilement enroulables sur des tambours, pour permettre leur prompte mise en place, leur prompt arrimage à bord s'il s'agit d'installations très amovibles destinées à être portées d'un point du littoral à un autre au lieu d'être ramenées droit à terre. On pourra aussi les aménager de telle sorte qu'il soit aisé de les immerger. Un troisième groupe comprendra l'épandage à la surface des eaux de minuscules couches de naphte, de bitume, de résidus d'huilerie que l'on saturerait de poussier de charbon, pour accroître leur opacité, leur pouvoir absorbant pour les radiations solaires, leur prompt échauffement, celui de l'air qui les recouvre, assurer sa surchauffe, son ascension.

Du fond de la Caspienne (notamment dans la région de Bakou), des ruisseaux de naphte viennent s'étaler à la surface des eaux ; la mer Morte se couvre souvent de flaques de bitume liquide, il paraît par suite tout indiqué de créer en des points convenablement répartis sur ces mers, à distance suffisante de leurs littoraux, des aires de cantonnement de naphte, de bitume, destinées à provoquer la formation des colonnes ascensionnelles. D'autre part, sachant, quel est l'énorme pouvoir de dispersion des huiles, quel merveilleux apaisement des flots produit une minuscule pellicule de 1/100,000 de millimètre d'épaisseur[1], sachant que 1/692 de millimètre de charbon étalé sur une lame de verre, arrête la lumière solaire[2] ; il y a lieu de faire quelques essais au large pour voir si malgré l'incessant déplacement des eaux l'on ne pourrait produire des pluies importantes, par les belles journées de soleil, en étalant à la surface une pellicule d'huile, noire de charbon, flottant au gré des courants marins.

Ces diverses aires de surchauffe suffiront sans doute pour donner naissance à des pluies locales fréquentes là où le relief des fonds aquatiques permettra de les maintenir sans de trop grandes dépenses et rendront par suite d'immenses services en tous pays et particulièrement dans les plus déshérités, tels les littoraux du golfe de Gabès, de la mer Rouge, du Tchad de l'Atlantique saharienne, du grand Lac Salé, etc.

Les journées à pluies seront les journées de calme, de beau soleil, à faible gradient thermométrique, leur importance dépendra de l'étendue des aires surchauffées, de la température des eaux, de l'intensité solaire, du gradient thermométrique. Quelle que soit leur efficacité, il ne faut considérer cette solution que comme un premier moyen d'action immédiatement applicable n'exigeant point une longue période d'études préparatoires ; quelques essais préliminaires, à l'aide d'aires de surchauffe de un à dix hectares, permettraient de fixer promptement, en chaque région, l'importance de la surface minimum nécessaire pour assurer le succès ; l'exploration des ilots du Pacifique producteurs de pluie donnerait d'autre part de précieuses indications préliminaires. La précarité de ces installations d'ordre industriel est largement compensée par l'avantage qu'elles offrent de pouvoir être utilisées seulement en temps opportun et dans la mesure utile.

Il nous faut, en régions arides, aller beaucoup plus loin dans la voie du progrès ; faire coopérer les fleuves, les torrents à l'accroissement des étendues d'eau continentales et, d'autre part, les prairies aquatiques à l'accroissement de l'évaporation des océans, des mers, des lacs, des étangs.

L'implantation sur les littoraux marins d'algues géantes telles que les macrocystis pyrifera, susceptibles de se fixer sur des fonds atteignant 70 mètres de profondeur et peut-être le double, permettrait d'accroître notablement la richesse en vapeurs des masses d'air qui les dominent, de provoquer par suite des pluies plus promptes, plus fréquentes, plus abondantes dans leur voisinage.

Grâce à ces algues, les ilots entourés de hauts fonds pourront devenir des

1. Vice-amiral Cloué, *Le filage de l'huile*, p. 90.
2. Dufour, *Journal de physique*, Mai 1897.

centres spontanés de pluie, tout comme certaines îles coralliennes. Nous aboutissons ici à une combinaison irréprochable : l'homme n'intervient que pour assurer l'ensemencement des fonds marins. Il met à contribution la puissance éternelle de rajeunissement des végétaux pour réparer incessamment les brèches dues aux assauts des flots. L'engazonnement des lacs permettra de même à leurs îles convenablement aménagées de devenir des centres de dépression à fréquentes précipitations météoriques régionales.

Sur les littoraux marins engazonnés, dans les golfes peu profonds, les baies, les lagunes, seront distribués à défaut d'aires naturelles de surchauffe, les revêtements artificiels précédemment décrits. Ce serait là la deuxième étape tendant à l'accroissement des pluies littoraliennes ; accroissement qui sera dû à une évaporation plus active par unité de surface et, mille fois plus encore, à la substitution — d'une circulation convergente des brises marines vers les aires engazonnées — à la circulation divergente, et par suite diffuse et stérilisatrice vers les rivages qui règne exclusivement sur tous les points du globe sauf très rares exceptions.

L'ensemencement des mers de sargasses : de l'Atlantique, du Pacifique, de l'Océan Indien... à l'intérieur du Gulf Stream, du courant du Mozambique, du Kuro Civo et autres circuits, et de leurs remous ou boucles, à l'aide d'algues flottantes, prolifères, permettrait sans doute, grâce à une meilleure utilisation des radiations solaires, d'accroître la pluviosité générale du globe terrestre, en même temps que l'empoissonnement plus abondant des mers, l'enrichissement des côtes en engrais marins.

C'est aux surfaces d'eau continentales, que les mers, les fleuves et les torrents permettent d'accroître largement, en même temps qu'aux prairies océaniques et lacustres, bien plus qu'aux forêts des montagnes, que l'homme doit demander l'accroissement général des pluies, la réduction progressive des steppes et des déserts.

L'œuvre à entreprendre est certes difficile et énorme ; elle nécessitera un labeur considérable et persévérant, elle sera précédée d'une période d'incubation et d'études plus ou moins longue ; mais elle s'imposera sûrement.

De très importantes agglomérations humaines souffrent fréquemment des famines ; on ne saurait tolérer indéfiniment cet état de choses, il faut améliorer l'hydrologie de ces régions et accroître l'importance de leurs pluies. La stérilité la plus affreuse règne sur plus du cinquième de la surface des continents soit, pour mieux fixer les idées, sur une étendue grande comme cinquante-huit fois la France et cela sous des cieux lumineux. Viendra un jour où l'homme voudra fertiliser ces immenses terres vaines, et pour ce il lui faudra accroître l'évaporation des eaux et faire bénéficier plus largement les terres des précipitations atmosphériques qui, en l'état actuel des choses, tombent inutilement sur les mers.

L'intérêt prodigieux qu'a la France à améliorer les conditions culturales de son très vaste et très aride empire Nord-Africain justifie amplement la hardiesse des solutions auxquelles nous avons abouti.

Au coq gaulois est échu en partage cet immense domaine de sables stériles à gratter ; à lui, échoit le soin de le transformer, de le rendre fertile, en accroissant l'évaporation des eaux, en créant des centres d'appel convenablement situés. Il lui faut ensemencer d'algues géantes les littoraux de son domaine, engazonner de sargasses flottantes les mers qui le baignent, aménager de ci, de là, dans ses plaines et ses plateaux, les dépressions naturelles (les chott's Roudaire entre autres), les plus aptes à emmagasiner de très grandes quantités d'eau, à engendrer de copieuses pluies : c'est ainsi qu'il fera reculer le désert devant lui.

FIN

TABLE DES MATIÈRES

PREMIÈRE PARTIE

Production des sources

SECONDE PARTIE

Production des pluies

Planche I

Évaporation et
Distribution des pluies à Saïda Année 1893-1894.

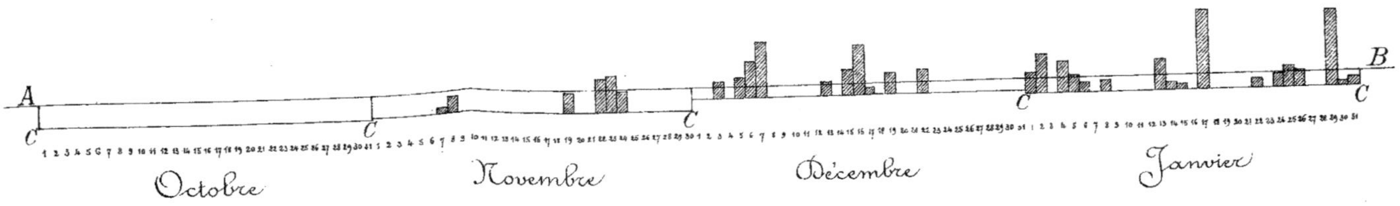

A — B

C — C — C — C

Octobre — Novembre — Décembre — Janvier

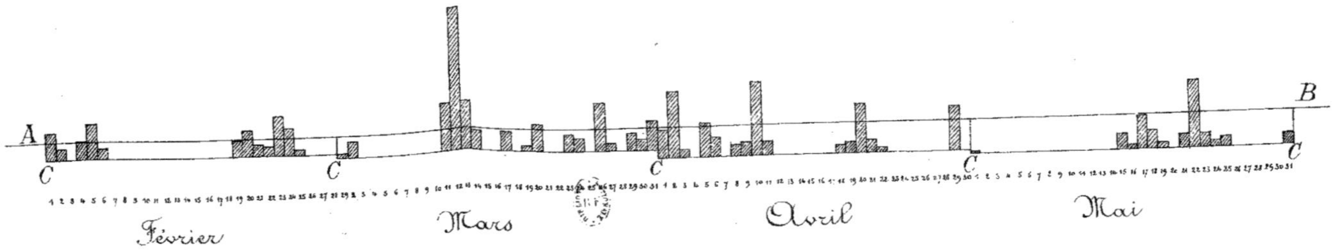

A — B

C — C — C — C — C

Février — Mars — Avril — Mai

Échelle : 5 millimètres de hauteur représentent 5 millimètres d'eau de pluie ;
les pluies sont portées au-dessous des lignes CC ;
les évaporations sont portées au-dessous de la ligne AB.

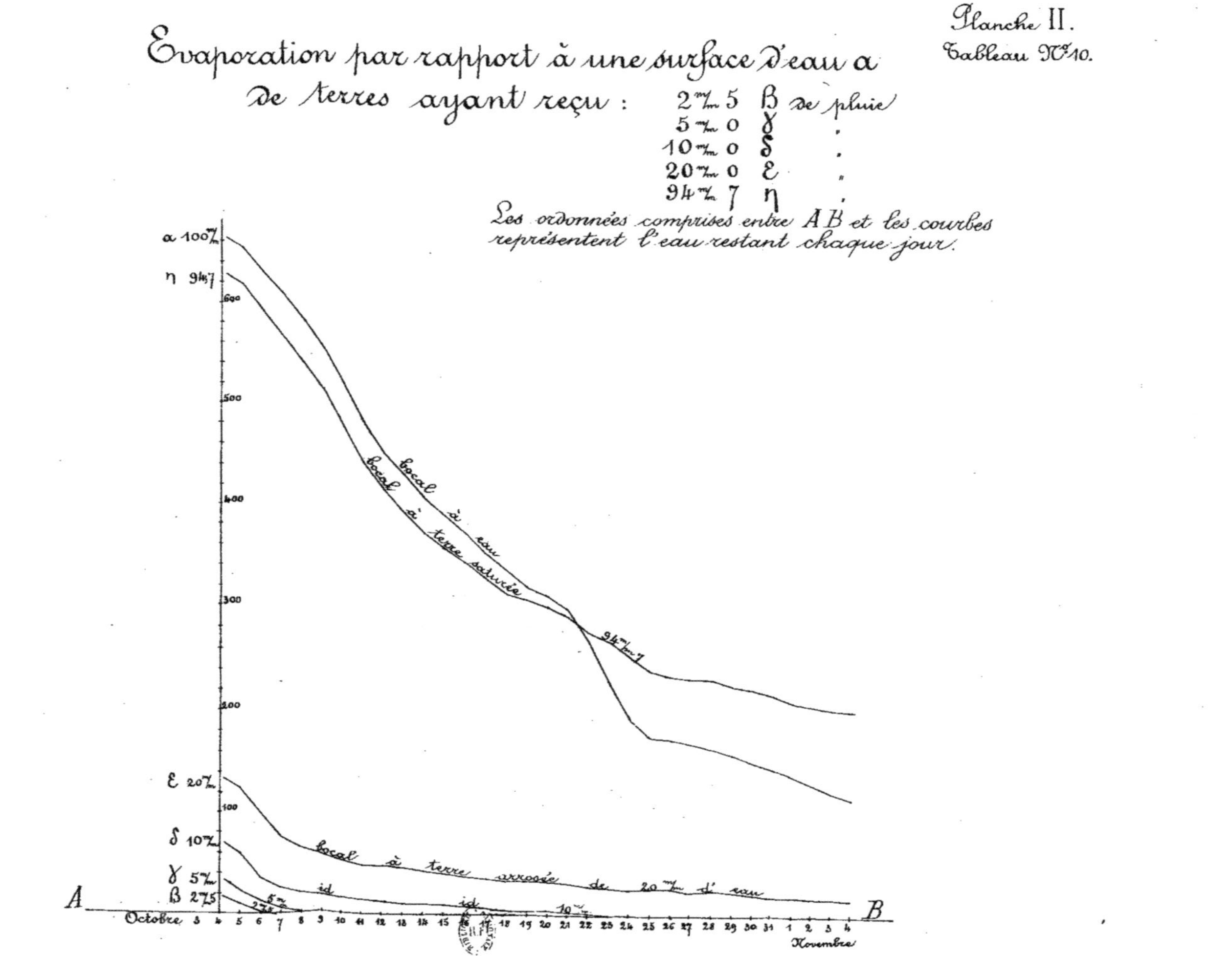
Planche II.
Tableau N° 10.
Evaporation par rapport à une surface d'eau α
de terres ayant reçu : 2 m/m 5 β de pluie
5 m/m 0 γ "
10 m/m 0 δ "
20 m/m 0 ε "
94 m/m 7 η "
Les ordonnées comprises entre A B et les courbes représentent l'eau restant chaque jour.
α 100 m/m
η 94,7
ε 20 m/m
δ 10 m/m
γ 5 m/m
β 2,75
600
500
400
300
200
100
bocal à eau
bocal à terre saturée
94 m/m 7
bocal à terre arrosée de 20 m/m d'eau
id
id
5 m/m
2,75
10 m/m
A
B
Octobre 3 4 5 6 7 8 9 10 11 12 13 14 15 16 17 18 19 20 21 22 23 24 25 26 27 28 29 30 31 1 2 3 4
Novembre

11 — 12

Planche III

Évaporation : du blé, des terres nues, de terres revêtues de gravier, de terres emblavées et engravées par rapport à une surface d'eau.

Les ordonnées au-dessus de AB représentent l'évaporation

700grs
600grs
500grs
400grs
300grs
200grs
100grs

A
B

Janvier 1907 3 4 5 6 7 8 9 10 11 12 13 14 15 16 17 18 19 20 21 22 23 24 25 26 27 28 29 30 31 1 2 3 4 5 6 7 8 9 Février

3-6 blé
terre nue et blé
terre nue et blé 3-6
8 blé et gravier
1 bocal à eau
N° 8 terre gravier et blé
blé plus dru que N° 12
bocal à eau N° 1
5 terre nue
12 blé et gravier
terre nue N° 5
terre gravier et blé N° 12
blé moins dru que N° 8
2 terre nue
terre nue N° 2
4 terre et gravier
7 d° d°
gravier N° 4
gravier N° 7

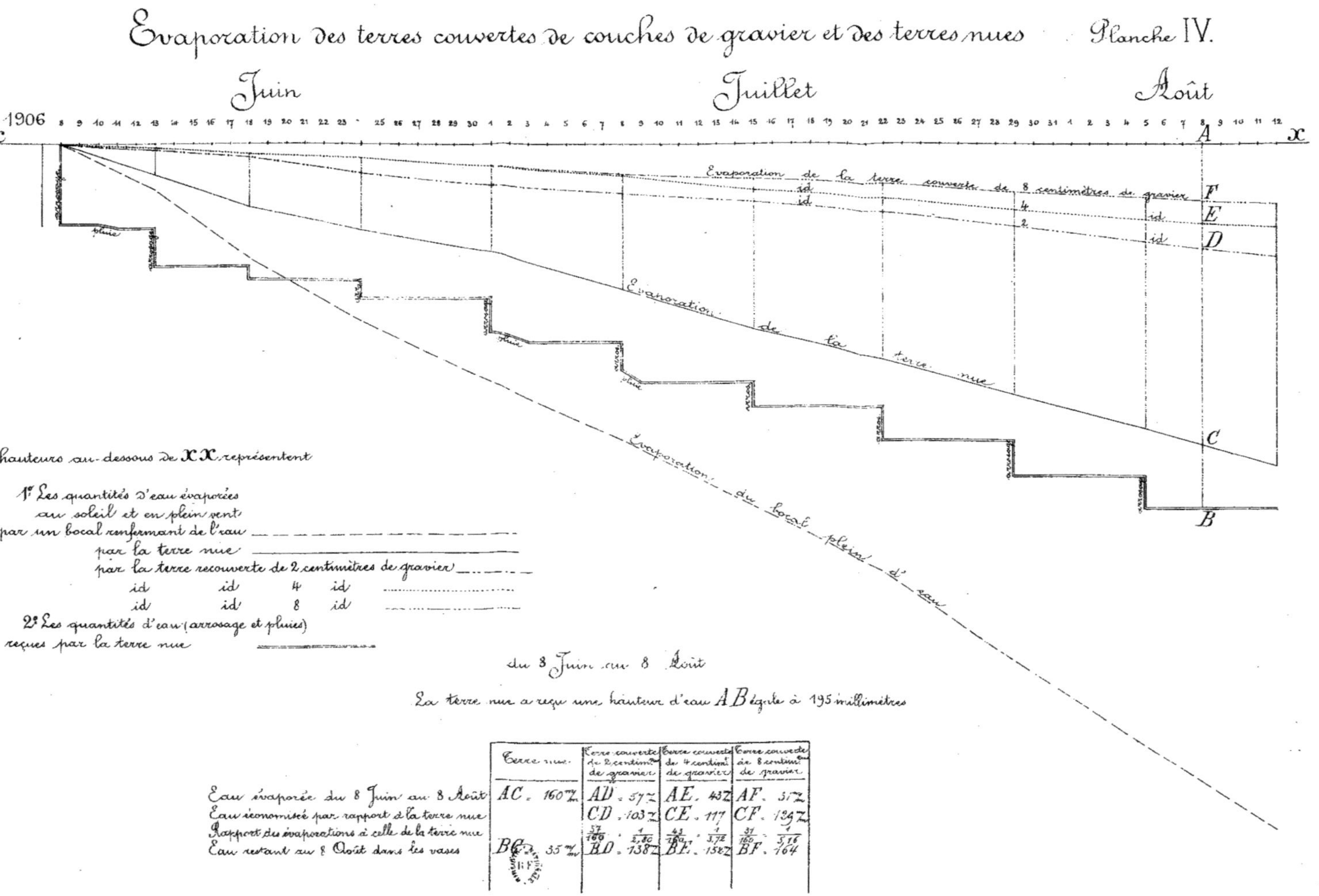

	Terre nue.	Terre couverte de 2 centim. de gravier	Terre couverte de 4 centim. de gravier	Terre couverte de 8 centim. de gravier
Eau évaporée du 8 Juin au 8 Août	AC = 160 m/m	AD = 57 m/m	AE = 43 m/m	AF = 31 m/m
Eau économisée par rapport à la terre nue		CD = 103 m/m	CE = 117	CF = 129 m/m
Rapport des évaporations à celle de la terre nue		$\frac{57}{160} = \frac{1}{2,80}$	$\frac{43}{160} = \frac{1}{3,72}$	$\frac{31}{160} = \frac{1}{5,16}$
Eau restant au 8 Août dans les vases	BC = 35 m/m	BD = 138 m/m	BE = 152 m/m	BF = 164

NOTE COMPLÉMENTAIRE

SUR L'INFILTRATION MESURÉE A L'AIDE DES JAUGES DALTON

Nous avons vu page 59 que, grâce à des couches de gravier de 2 et 8 centimètres d'épaisseur, le rendement en eau d'infiltration, lequel pour la terre nue était seulement de 26 pour cent, du 14 octobre 1906 au 18 février 1907 a atteint 71 et 81 pour cent (jauges 2 et 3).

Il nous a paru utile de poursuivre nos recherches, pour voir, dans quelle mesure, s'exerçait la protection due aux revêtements de pierrailles d'une année agricole à la suivante. Nous avons donc repris nos mensurations en octobre 1907.

Les trois jauges étaient restées au dehors en plein soleil et en plein vent et n'ont reçu de nous aucune addition d'eau.

Le tableau ci-après donne les chiffres afférents à cette nouvelle période d'observations.

Ainsi qu'on le voit, la jauge renfermant 8 centimètres de gravier a commencé à débiter des eaux de drainage dès le 5 octobre, et d'autre part, c'est-à-dire dès la première pluie, ce n'est que le 23 novembre, après 10 jours de pluie, que ce fait s'est produit pour la terre nue. Le revêtement de gravier avait permis à la jauge n° 3 de ne point s'assécher profondément en été ; son humidité était encore d'environ 64 pour cent au 2 octobre.

Du 2 octobre au 5 mars, sur un total de pluie s'élevant à 511^{m},8, l'eau perdue pour les sources ou, autrement dit, reprise par l'atmosphère s'élevait : pour la terre nue à 416 milimètres, pour la terre avec 2 centimètres de gravier, à 330 millimètres, et pour celle avec 8 centimètres de gravier, à 139 millimètres seulement, ce qui correspond à des rendements en eau de drainage par rapport aux pluies de 16,2 — 32,3 et 71,7 pour cent. En faisant espérer un rendement de 50 pour cent sur les Hauts-Plateaux du Sud Algérien, pour des terrains recouverts de 8 à 10 centimètres de pierrailles, non poreuses, nous n'avons donc pas fait preuve d'un optimisme exagéré Il se trouve donc de nouveau confirmé que l'on peut faire naître des sources en mille et mille points, même dans les régions les plus arides, en revêtant le sol d'un manteau caillouteux.

Jauges Dalton — Mesure de l'infiltration

DATES	PLUIES		INFILTRATION PAR JOUR			INFILTRATION PAR PLUIE			RENDEMENTS POUR CENT			PLUIE par période en grammes
	Millimèt.	Grammes	1	2	3	1	2	3	1	2	3	
3 octobre 1907	0	0	0	0	0							
3 au 5 octobre 1907		2 300	0	0	755	0	0	755	0	0	32,8	2.300
16 — 17 —		275	0	0	0							
22 — 23 —		280	0	0	20							
24		1.430	0	175	1 255							
26 — 27 —		260	0	0	210							
27 — 28 —		0	0	0	30	0	175	1.515	0	7.7	67,4	2.245
2 au 3 novemb. 1907		450	0	0	130							
3 — 4 —		0	0	0	40	0	0	170	0	0	37,7	450
6 — 7 —		170	0	0	0	0	0	0	0	0	0	170
18 — 19 —		110	0	0	0							
20 — 21 —		505	0	0	195							
21 — 22 —		1.805	0	goutles	1.945							
22 — 23 —		230	175	210	255							
23 — 24 —		0	40	50	55							
24 — 25 —		465	180	330	330							
25 — 26 —		100	110	120	150	505	710	2.930	15,7	22,0	91,1	3.215
13 décembre 1907		480	0	0	70							
14 —		70	0	0	100	0	0	170	0	0	30,9	550
27 —		135	0	0	0							
28 —		125	0	0	goultes							
29 —		60	0	0	0	0	0	0	0	0	0	320
1er janvier 1908		150	0	0	0	0	0	0	0	0	0	150
3 —		70	0	0	0							
4 —		340	0	0	65							
5 —		0	0	0	20							
6 —		1.060	0	0	755							
7 —		30	0	0	255							
8 —		0	0	0	8	0	0	1.103	0	0	73,5	1.500
9 —		330	0	140	220							
10 —		0	0	18	44							
11 —		0	0	0	11	0	158	275	0	47.8	83,3	330
23 —												
24 —											×	
25 —												
30 —		1.015	0	155	755							
31 —		435	0	485	530							
1 Février 1908		110	5	105	95							
2 —		0	2	6	26	7	751	1.406	0,4	48,1	90,1	1.560
3 —		295	25	120	100							
4 —		90	59	59	72							
5 —		375	48	245	250							
6 —		180	200	200	215							
7 —		270	200	225	225							
8 —		0	21	21	32							
10 —		0	0	0	10	553	870	904	45,6	71,9	74,7	1.210
13 —		745	3	355	500							
14 —		505	275	410	440							
15 —		700	575	695	715							
16 —		200	250	230	235							
17 —		0	20	10	50							
20 —		0	0	0	48							
26 —		12	0	0	0	1.123	1.700	1.988	52,5	79.0	92,4	2.162
1er Mars 1908		570	0	0	190							
2 —		695	18	560	645							
3 —		885	500	930	980							
4 —		65	260	90	110							
5 —		0	11	4	34	789	1 584	1.959	35,[illegible]	[illegible]	88,4	2 215
Total.............	511,8	18.377	2.977	5.948	13.175	2.977	5.948	13.175	16,2	32,3	71,7	18.377

www.ingramcontent.com/pod-product-compliance
Ingram Content Group UK Ltd.
Pitfield, Milton Keynes, MK11 3LW, UK
UKHW022058190726
13855UKWH00002B/546

9 782012 992818